Sammlung Göschen Band 256

Sammlung von Aufgaben und Beispielen zur Analytischen Geometrie der Ebene

mit den vollständigen Lösungen

Von

Dr. Robert Haußner

weiland o. ö. Professor der Mathematik an der Universität Jena

Mit 22 Figuren im Text

Neudruck

Walter de Gruyter & Co.

vormals G. J. Göschen'sche Verlagshandlung . J. Guttentag, Verlagsbuchhandlung . Georg Reimer . Karl J. Trübner . Veit & Comp.

Berlin 1949

Archiv-Nr. 110256 / Gen.-Nr. 11.380
Druckhaus E. Heckendorff, Berlin SO 36 / ISCS 114 / 5000. 7. 49
Printed in Germany

Inhalt.

I. Abschnitt.

Punkte und Strecken.

§ 1. Punkte und Strecken auf einer Geraden. Teilverhältnisse.

1. Es sollen auf einer Geraden mit gegebenem Nullpunkte und gegebener positiver Richtung die Punkte konstruiert werden, deren Koordinaten durch die Gleichungen:

$$x = \frac{ab}{c},\ x = \frac{a^2 + b^2}{c},\ x = \sqrt{a^2 - b^2};$$

$$x^2 + ax = 0,\ x^2 - (a + b)\,x + ab = 0,$$

$$x^2 - 2\,ax + a^2 - b^2 = 0$$

gegeben sind, wo a, b, c gegebene gerichtete Strecken bezeichnen. Werden a, b, c durch positive oder negative Zahlen (z. B. $a = 5, b = -4, c = 7$) gegeben, so muß noch die Längeneinheit gegeben sein[1]).

Lösungen der drei letzten Aufgaben: $0, -a$; a, b; $a + b, a - b$.

2. Bezeichnet man die durch die Gleichung

$$3\,x^3 - 7\,x^2 - 7\,x + 3 = 0$$

gegebenen Punkte in beliebiger Reihenfolge mit P_1, P_2, P_3, so sollen ihre Koordinaten und die Strecken $\overrightarrow{P_1P_2}, \overrightarrow{P_2P_3}, \overrightarrow{P_3P_1}$ der Länge und Richtung nach berechnet werden. Wie lautet die obige Gleichung, wenn der Punkt 1 als neuer Nullpunkt genommen wird?

Lösung: $-1, 3, \frac{1}{3}$; $4, -\frac{8}{3}, -\frac{4}{3}$; $3x'^3 + 2x'^2 - 12x' - 8 = 0$.

Stets muß $\overrightarrow{P_1P_2} + \overrightarrow{P_2P_3} + \overrightarrow{P_3P_1} = 0$ sein.

3. Sind P_1, P_2, P_3, P_4 beliebige Punkte einer Geraden, so soll bewiesen werden, daß

---

1) Es ist zweckmäßig, zu den Zahlenbeispielen die Figuren zu zeichnen; bei rechtwinkligen Koordinaten ist es nützlich, quadriertes, sog. Millimeterpapier zu verwenden.

$$\overrightarrow{P_1P_3} \cdot \overrightarrow{P_2P_4} = \overrightarrow{P_1P_2} \cdot \overrightarrow{P_3P_4} + \overrightarrow{P_1P_4} \cdot \overrightarrow{P_2P_3} \quad \text{ist.}$$

4. Der Wert eines Doppelverhältnisses bleibt ungeändert, wenn entweder die Elemente eines jeden Paares unter sich oder die beiden Paare miteinander vertauscht werden:

$$(P_1P_2P_3P_4) = (P_2P_1P_4P_3) = (P_3P_4P_1P_2) = (P_4P_3P_2P_1).$$

5. Der Wert eines Doppelverhältnisses geht in den reziproken über durch Vertauschung der Elemente eines Paares untereinander:

$$(P_1P_2P_4P_3) = 1 : (P_1P_2P_3P_4).$$

Beweis von (4) und (5) durch direkte Ausrechnung.

6. Die Werte zweier Doppelverhältnisse ergänzen sich zu 1, wenn das eine aus dem andern entweder durch Vertauschung der beiden inneren oder der beiden äußeren Verhältnisse hervorgeht:

$$(P_1P_2P_3P_4) + (P_1P_3P_2P_4) = (P_1P_2P_3P_4) + (P_4P_2P_3P_1) = 1.$$

Beweis mit Hilfe von (3).

7. Es soll gezeigt werden, daß vier Elemente $4! = 24$ Doppelverhältnisse liefern, die sich in Gruppen zu je vier mit gleichem Werte anordnen lassen. Ist $(P_1P_2P_3P_4) = \nu$, so sind die 6 Werte aller Doppelverhältnisse $\nu, \frac{1}{\nu}, 1-\nu, \frac{1}{1-\nu}, 1-\frac{1}{\nu} = \frac{\nu-1}{\nu}, \frac{\nu}{\nu-1}$. Für $\nu = -1$ (harmonische Elemente) ergeben sich drei Gruppen von je acht Doppelverhältnissen mit den Werten $-1, 2, \frac{1}{2}$.

8. Die Koordinaten dreier in gerader Linie liegender Punkte P_1, P_2, P_3 sind x_1, x_2, x_3. Es soll die Koordinate des vierten harmonischen Punktes P_4 berechnet werden, wenn der erste und der dritte einander zugeordnet sind.

Lösung: Aus $(P_1P_3P_2P_4) = -1$ folgt

$$x_4 = \frac{2x_1 x_3 - x_2(x_1 + x_3)}{x_1 + x_3 - 2x_2}.$$

9. Welche Doppelverhältnisse liefern die Punkte $P_\varrho (\varrho = 1, 2, 3, 4)$ mit den Koordinaten $x_\varrho = \xi^\varrho$? Wann sind vier solcher Punkte harmonische?

Lösung: Ist wieder $(P_1 P_2 P_3 P_4) = \nu$, so erhält man die Werte $\frac{(\xi+1)^2}{\xi^2+\xi+1}$, $\frac{-\xi}{\xi^2+\xi+1}$, $\frac{\xi}{(\xi+1)^2}$ und ihre drei reziproken Werte. Aus $(\xi+1)^2 = \nu(\xi^2+\xi+1)$ ergeben sich reelle Werte von ξ nur für $0 < \nu < \frac{4}{3}$. Für $\nu = \frac{1}{2}$ wird $\xi = \xi_{1,2} = \frac{-3 \pm \sqrt{5}}{2}$ und dann die Strecke P_1P_4 durch P_2 und P_3 harmonisch geteilt; je nachdem $\xi = \xi_1$ oder $= \xi_2$ gewählt wird, liegt P_3 oder P_2 zwischen P_1 und P_4.

10. Es gibt unendlich viele Systeme von vier harmonischen Punkten einer Geraden, die zu dem Punkte mit der Koordinate ξ harmonisch liegen.

Lösung: Sind a und b zwei beliebige, aber ungleiche Zahlen, so sind die Koordinaten von vier solchen Punkten $\xi - b$, $\xi - a$, $\xi + a$, $\xi + b$, und man erhält $a : b = -3 \pm \sqrt{8}$.

11. Ordnet man die Punkte einer Geraden einander paarweise so zu, daß dem Punkte P mit der Koordinate x der Punkt Q mit der Koordinate $\frac{ax+b}{cx+d}$, wo $ad - bc \neq 0$ ist, entspricht, so ist das Doppelverhältnis von vier Punkten P gleich dem der ihnen zugeordneten Punkte Q.

Beweis durch Ausrechnung von $Q_1Q_2Q_3Q_4$.

§ 2. Punkte und Strecken in der Ebene. Flächeninhalte.

12. Von einem Parallelogramm sind die Koordinaten der Ecken P_1, P_2, P_3 gegeben; es sollen die von P_4 berechnet werden (w beliebig).

Lösung: $x_4 = x_1 + x_3 - x_2$, $y_4 = y_1 + y_3 - y_2$.

13. Ein regelmäßiges n-Eck liegt so, daß sein Mittelpunkt nach O und eine seiner Ecken auf die X-Achse fällt. Welches sind die rechtwinkligen Koordinaten seiner sämtlichen Eckpunkte, wenn s die Seitenlänge des n-Ecks ist?

Zahlenbeispiel: $n = 6$.

Lösung: Bezeichnet man die auf der X-Achse liegende Ecke mit P_1, die übrigen in positivem Drehsinne mit $P_2, \ldots, P_n$, so findet man für den Radius R_n des dem n-Eck umschriebenen Kreises: $R_n = \frac{s}{2 \sin \frac{\pi}{n}}$ und $x_{\varrho+1} = R_n \cdot \cos \frac{2\varrho\pi}{n}$, $y_{\varrho+1} = R_n \cdot \sin \frac{2\varrho\pi}{n}$ für $\varrho = 0, 1, \ldots, n-1$. Also für $n = 6 : R_6 = s$, und für

$\varrho = 0$	1	2	3	4	5
$x_\varrho = s$	$\frac{s}{2}$	$-\frac{s}{2}$	$-s$	$-\frac{s}{2}$	$-\frac{s}{2}$
$y_\varrho = 0$	$\frac{s}{2}\sqrt{3}$	$\frac{s}{2}\sqrt{3}$	0	$-\frac{s}{2}\sqrt{3}$	$-\frac{s}{2}\sqrt{3}$

Entsprechend der Projektionsformel ist $x_1 + x_2 + \cdots + x_n = 0$, $y_1 + y_2 + \cdots + y_n = 0$.

14. Für die vorige Aufgabe sind die Polarkoordinaten der Eckpunkte anzugeben, wenn der Pol mit dem Mittelpunkte des n-Ecks und die Polarachse mit der positiven X-Achse zusammenfällt.

Lösung: Bezeichnen r_ϱ, ϑ_ϱ die Polarkoordinaten der Eckpunkte, so ist $r_\varrho = R_n$, $\vartheta_\varrho = \frac{2\varrho\pi}{n}$.

15. Die Aufgabe (13) ist für ein beliebiges schiefwinkliges Koordinatensystem zu lösen, für das P_0 (x_0, y_0) der Nullpunkt ist und dessen X-Achse mit dem Radius $\overrightarrow{OP_1}$ den Winkel α einschließt.

Lösung: Man benutze die Transformationsformeln [A, § 10, 7, II] [1]) und die oben gefundenen Resultate für rechtwinklige Koordinaten:

$$x_{\varrho+1} \cdot \sin w = x_0 + R_n \sin\left(w - \alpha - \frac{2\varrho\pi}{n}\right),$$

$$y_{\varrho+1} \cdot \sin w = y_0 + R_n \sin\left(\alpha + \frac{2\varrho\pi}{n}\right).$$

16. Die Aufgabe (13) soll für das schiefwinklige Koordinatensystem mit $w = \frac{2\pi}{n}$, dessen Nullpunkt und X-Achse mit

1) Die Zitate in dieser Form [A, § . . .] beziehen sich auf Haußner, Analytische Geometrie der Ebene (Samml. Göschen Bd. 65).

dem des ursprünglichen rechtwinkligen Systems zusammenfallen, gelöst werden.

Lösung:

$$x_{\varrho+1}\cdot\sin\frac{2\pi}{n}=R_n\cdot\sin(1-\varrho)\frac{2\pi}{n},$$

$$y_{\varrho+1}\cdot\sin\frac{2\pi}{n}=R_n\cdot\sin\frac{2\varrho\pi}{n}.$$

17. Gib für die Punkte mit den Polarkoordinaten

$r=$	2	5	4	$3{,}25$	$\sqrt{2}$
$\vartheta=$	30^0	45^0	300^0	90^0	45^0

die Parallelkoordinaten an für $w=90^0$ und für $w=45^0$.

Lösung: $w=90^0$:

$x=$	$\sqrt{3}$	$\frac{5}{2}\sqrt{2}$	2	0	1
$y=$	1	$\frac{5}{2}\sqrt{2}$	$-2\sqrt{3}$	$3{,}25$	1

$w=45^0$:

$x=$	$3\sqrt{3}-1$	0	$2(\sqrt{3}+1)$	$-3{,}25$	0
$y=$	$2\sqrt{2}$	5	$-2\sqrt{6}$	$3{,}25\cdot\sqrt{2}$	$\sqrt{2}$

18. Gib die Polarkoordinaten an für die Punkte mit den Parallelkoordinaten:

$x=$	$3\sqrt{2}$	-1	15	-7	0	-3
$y=$	$3\sqrt{2}$	$\sqrt{3}$	-8	-24	4	0

für $w=90^0$ und $w=60^0$.

Lösungen: $w=90^0$:

$r=$	6	2	17	25	4	3
$\vartheta=$	45^0	120^0	$331^0\,56'$	$253^0\,44'$	90^0	180^0;

$w=60^0$:

$r=$	$3\sqrt{6}$	$\sqrt{4-\sqrt{3}}$	13	$\sqrt{793}$	4	3
$\vartheta=$	30^0	$94^0\,59'$	$327^0\,48'$	$227^0\,34'$	60^0	180^0.

19. Die Koordinaten x_ϱ, y_ϱ der Ecken P_1, P_2, P_3 eines Dreiecks sind

a) $x_1=2,\ y_1=-3$ b) $x_1=-5,\ y_1=17$
$x_2=8,\ y_2=5$ $x_2=11,\ y_2=3$
$x_3=14,\ y_3=11$ $x_3=3,\ y_3=15$.

Wie lang sind die Seiten des Dreiecks, welche Koordinaten haben ihre Halbierungspunkte und der Schwerpunkt des

Dreiecks? Ferner sollen die Winkel $\vartheta_3, \vartheta_1, \vartheta_2$ bestimmt werden, welche die positive X-Achse mit den Seiten $\overrightarrow{P_1P_2}, \overrightarrow{P_2P_3}, \overrightarrow{P_3P_1}$ einschließt, und schließlich der Flächeninhalt des Dreiecks $\overrightarrow{P_1P_2P_3}$. Die Aufgaben sollen I. für $w = \frac{\pi}{2}$, II. für $w = \frac{\pi}{4}$ durchgeführt werden.

Lösung:

	a_I	b_I	a_{II}	b_{II}
P_1P_2:	10	$\sqrt{452}$	$2\sqrt{25+12\sqrt{2}}$	$2\sqrt{113-56\sqrt{2}}$
P_2P_3:	$\sqrt{72}$	$\sqrt{208}$	$6\sqrt{2+\sqrt{2}}$	$4\sqrt{13-6\sqrt{2}}$
P_3P_1:	$\sqrt{340}$	$\sqrt{68}$	$2\sqrt{85+42\sqrt{2}}$	$2\sqrt{17-4\sqrt{2}}$.

Halbierungspunkte:

	a	b
M_3 von P_1P_2:	5, 1	3, 10
M_1 „ P_2P_3:	11, 8	7, 9
M_2 „ P_3P_1:	8, 4	—1, 16.

Der Schwerpunkt $S(\xi, \eta)$ teilt jede Mitteltransversale so, daß $\overrightarrow{M_\varrho S} : \overrightarrow{SP_\varrho} = 1 : 2$ ist:

$$\xi = \frac{x_1 + x_2 + x_3}{3}, \quad \eta = \frac{y_1 + y_2 + y_3}{3}; \quad \text{a) } \xi = 8, \quad \eta = 4\tfrac{1}{3};$$

$$\text{b) } \xi = 3, \quad \eta = 11\tfrac{2}{3}.$$

	a_I	b_I	a_{II}	b_{II}
$\sin\vartheta_3$:	$\frac{4}{5}$	$-\frac{7}{\sqrt{113}}$	$\frac{2\sqrt{2}}{\sqrt{25+12\sqrt{2}}}$	$\frac{-7}{\sqrt{226-112\sqrt{2}}}$
$\sin\vartheta_1$:	$\frac{1}{2}\sqrt{2}$	$\frac{3}{\sqrt{13}}$	$\frac{1}{\sqrt{4+2\sqrt{2}}}$	$\frac{3}{\sqrt{26-12\sqrt{2}}}$
$\sin\vartheta_2$:	$-\frac{7}{\sqrt{85}}$	$\frac{1}{\sqrt{17}}$	$-\frac{7}{\sqrt{170+84\sqrt{2}}}$	$\frac{1}{\sqrt{34-8\sqrt{2}}}$

Die Winkel selbst gehören den Quadranten an:

ϑ_3:	1	4	1	4
ϑ_1:	1	2	1	1
ϑ_2:	3	2	3	2

Flächeninhalt:

-6	40	$-3\sqrt{2}$	$20\sqrt{2}$.

20. Von einer Strecke P_1P_2 sind die Koordinaten $x_1 = 7$, $y_1 = 2$ des Punktes P_1 und $x = 2$, $y = -1$ des Punktes P gegeben, der die Strecke im Verhältnis $\varkappa = \pm 5:3$ teilt. Welche Koordinaten hat der Endpunkt P_2 für die beiden Werte von $\varkappa$? Welchen Wert hat w in den Aufgaben 20 bis 25?

Lösung:

$$x_2 = \frac{(\varkappa+1)x - x_1}{\varkappa}, \quad y_2 = \frac{(\varkappa+1)y - y_1}{\varkappa}$$

$\varkappa = +\frac{5}{3}$: $x_2 = 15$, $y_2 = -2^4/_5$; $\varkappa = -\frac{5}{3}$: $x_2 = 9$, $y_2 = +{}^4/_5$.

21. Die Strecke P_1P_2 werde über ihre beiden Endpunkte hinaus je um ihr λ-faches verlängert. Es sind die Koordinaten der Endpunkte der Verlängerungen zu bestimmen.

Lösung:

$$(1+\lambda)x_1 - \lambda x_2, \quad (1+\lambda)y_1 - \lambda y_2$$

und

$$(1+\lambda)x_2 - \lambda x_1, \quad (1+\lambda)y_2 - \lambda y_1.$$

22. Von einem Dreiecke sind die Koordinaten der Ecken $P_1(-7, -1)$, $P_2(-2, -9)$ und diejenigen $\xi = 0$, $\eta = 0$ seines Schwerpunktes gegeben. Welche Koordinaten hat die dritte Ecke P_3?

Lösung: $x_3 = 3\xi - x_1 - x_2 = 9$, $y_3 = 3\eta - y_1 - y_2 = 10$.

23. Von einem Viereck $P_1P_2P_3P_4$ sind die Koordinaten $x_\varrho, y_\varrho (\varrho = 1, \ldots, 4)$ der Ecken gegeben. Die Seiten werden der Reihe nach in Q_1, Q_2, Q_3, Q_4, die Diagonalen in Q_5 und Q_6 halbiert. Es soll bewiesen werden, daß die Halbierungspunkte von Q_1Q_3, Q_2Q_4 und Q_5Q_6 zusammenfallen.

Lösung: $\dfrac{x_1 + x_2 + x_3 + x_4}{4}, \quad \dfrac{y_1 + y_2 + y_3 + y_4}{4}.$

Wenn man das Viereck samt seinen Diagonalen als Projektion eines Tetraeders betrachtet, so folgt aus dem Resultate, daß sich die drei Verbindungslinien der Mittelpunkte je zweier Gegenkanten — das sind solche, die keine Tetraederecke gemeinsam haben — in einem Punkte, dem Schwerpunkte des Tetraeders schneiden.

24. Von einem Fünfeck $P_1P_2 \ldots P_5$ sind die Koordinaten der Ecken (x_1, y_1) usf. gegeben. Die Seiten sind der Reihe nach in $Q_1, Q_2, \ldots, Q_5$ halbiert. Der Halbierungspunkt M der Strecke Q_1Q_3 wird mit P_5 verbunden und P_5M durch S im

Verhältnis 4 : 1 geteilt. Es sollen die Koordinaten ξ, η von S berechnet werden.

Was ist der Fall, wenn man Q_2Q_4 für Q_1Q_3 und P_1 für P_5 nimmt?

Lösung:

$$\xi = \frac{x_1 + x_2 + x_3 + x_4 + x_5}{5}, \qquad \eta = \frac{y_1 + y_2 + y_3 + y_4 + y_5}{5}.$$

25. Halbiert man die Seiten eines beliebigen Sechsecks $P_1 \ldots P_6$ der Reihe nach in $Q_1, \ldots, Q_6$, so soll bewiesen werden, daß die beiden Dreiecke $Q_1Q_3Q_5$ und $Q_2Q_4Q_6$ denselben Schwerpunkt $\xi = \frac{x_1 + \cdots + x_6}{6}$, $\eta = \frac{y_1 + \cdots + y_6}{6}$ haben.

26. Für welches Parallelkoordinatensystem liegt der Punkt $P(2^5/_{18}, 3^1/_6)$ gleichweit von dem Nullpunkte und von den Punkten $P_1(6, 2)$, $P_2(3, 7)$ entfernt? Flächeninhalt der Dreiecke $\overrightarrow{OPP_1}$, $\overrightarrow{OPP_2}$?

Lösung: $w = 90^0$

$$\overrightarrow{OPP_1} = -\frac{65}{9}, \quad \overrightarrow{OPP_2} = \frac{403}{36}.$$

II. Abschnitt.

Die gerade Linie.

§ 3. Punkt und Gerade, sowie mehrere Gerade in Parallelkoordinaten.

27. Den Richtungswinkel für jede der folgenden Geraden zu bestimmen:

a) $y = -x + 5$, b) $y = -\frac{1}{2}x + 12$, c) $8x + 15y = 21$, d) $x \cos 70^0 + y \sin 70^0 - 12 = 0$, e) $7x - 12y + 18 = 0$ $\left(\text{für } w = \frac{\pi}{2} \text{ bei a) bis d) und } w = \frac{2\pi}{5} \text{ bei e)}\right)$.

Lösung: a) 135^0, b) $153^0\,26'\,6''$, c) $151^0\,55'\,40''$, d) 160^0, e) $22^0\,58'\,7''$.

28. Welche Gleichung hat die Gerade durch den Punkt P_1, die den Winkel α mit der $+X$-Achse einschließt, für

a) $P_1(8,3), \alpha = 60^0, w = 90^0$, b) $P_1(3,0), \alpha = 135^0, w = 45^0$?

Lösung: a) $y - 3 = \sqrt{3}(x - 8)$ b) $y = -\frac{1}{2}\sqrt{2}(x - 3)$

oder oder

$x = 8 + {}^1/_2 l,\ y = 3 + {}^1/_2\sqrt{3}\,l$ $\quad x = 3 - \sqrt{2}\cdot l,\ y = l$

29. Die Gleichung der Verbindungslinie der Punkte P_1 und P_2 anzugeben (w beliebig!)

$$\begin{cases} x_1 = 5 \\ y_1 = 3 \end{cases} \left| \begin{matrix} 0 \\ 0 \end{matrix} \right| \begin{matrix} 2a \\ 0 \end{matrix} \left| \begin{matrix} \frac{a_1 + a_2}{2} \\ \frac{b_1 + b_2}{2} \end{matrix} \right.$$

$$\begin{cases} x_2 = 7 \\ y_2 = 4 \end{cases} \left| \begin{matrix} 8 \\ 3 \end{matrix} \right| \begin{matrix} a_1 \\ b_1 \end{matrix} \left| \begin{matrix} 2a_2 - a_1 \\ 2b_2 - b_1 \end{matrix} \right.$$

Lösung:

$$x - 2y = -1;$$

$$3x - 8y = 0;$$

$$b_1 x + (2a - a_1) y = 2ab_1;$$

$$(b_1 - b_2) x - (a_1 - a_2) y + a_1 b_2 - a_2 b_1 = 0.$$

30. Es soll die Beziehung a) zwischen Réaumur- und Celsiusgraden und ebenso b) zwischen Réaumur- und Fahrenheit- und c) zwischen Celsius- und Fahrenheitgraden durch eine Gleichung ausgedrückt werden, indem man dabei die gegebene Réaumur- bzw. Celsiusgradzahl als Abszisse- und die gesuchte Celsius- oder Fahrenheitgradzahl als Ordinate eines rechtwinkligen Koordinatensystems betrachtet.

Lösung: a) $y = \frac{5}{4}x$; b) $y = \frac{9}{4}x + 32$; c) $y = \frac{9}{5}x + 32$.

Anmerkung: Zeichnet man die durch diese Gleichungen dargestellten geraden Linien auf quadriertes Papier (Millimeterpapier) auf, so hat man eine graphische Tafel, an welcher man ohne weiteres die Anzahl Grade einer Skala ablesen kann, welche einer Anzahl Grade einer andern Skala entsprechen.

31. Welches sind die Linienkoordinaten und die Achsenabschnitte der Geraden in (28) und (29)?

Lösung:

$$m = 8 - \sqrt{3}, \quad n = 3 - 8\sqrt{3}; \quad u = -\frac{8 + \sqrt{3}}{61}, \quad v = \frac{3 + 8\sqrt{3}}{183}$$

$m = 3,\quad n = \frac{3}{2}\sqrt{2};\quad u = -\frac{1}{3},\quad v = -\frac{1}{3}\sqrt{2}$
$m = -1,\quad n = \frac{1}{2};\quad u = 1,\quad v = -2$
$m = 0,\quad n = 0;\quad u = \infty,\quad v = \infty$

$$m = 2a = -\frac{1}{u},\quad n = \frac{2ab_1}{2a - a_1} = -\frac{1}{v}$$

$$m = -\frac{a_1 b_2 - a_2 b_1}{b_1 - b_2} = -\frac{1}{u},\quad n = \frac{a_1 b_2 - a_2 b_1}{a_1 - a_2} = -\frac{1}{v}.$$

32. Die Geraden der Aufgabe (28) sollen in die Normalform übergeführt werden.

Lösung: $\varkappa = \frac{1}{2},\quad \gamma = 330^0,\quad p = 4\sqrt{3} - \frac{3}{2};$

$\varkappa = \frac{1}{\sqrt{2}},\quad \gamma = 45^0,\quad p = \frac{3}{2}\sqrt{2}.$

33. Durch den Punkt $P_3(5, 1)$ eine Gerade zu ziehen, welche die Strecke zwischen den Punkten $P_1(2, 7)$ und $P_2(4, -3)$ im Verhältnis $\lambda : 1$ teilt. Was ergibt sich, wenn $\lambda = 0$, $\lambda = \infty$, $\lambda = 1$, $\lambda = -1$ ist?

Lösung: (*w* beliebig) $y - 1 = \frac{4\lambda - 6}{3 + \lambda}(x - 5)$.

$\lambda = 0$ gibt $y = -2x + 11$, geht durch $2|7$;
$\lambda = \infty$ „ $y = 4x - 19$, „ „ $4|-3$;
$\lambda = 1$ „ $y = -\frac{1}{2}x + \frac{7}{2}$;
$\lambda = -1$ „ $y = -5x + 26$, $\parallel P_1P_2$.

34. Welchen Abstand p_0 hat der Punkt P_0 von der Geraden $Ax + By + C = 0$ in den folgenden Beispielen, wenn a) $w = 90^0$, b) $w = 60^0$ ist?

$(2, 7),\ 3x + 4y - 14 = 0 \mid (0, 7),\ y = 5x + 3 \mid (3, 3),\ 15x - 8y + 13 = 0.$

Lösung:			
a)	$p_0 = -4$	$-\frac{4}{\sqrt{26}}$	2
b)	$p_0 = -\frac{10}{13}\sqrt{39}$	$-\frac{2\sqrt{93}}{31}$	$\frac{17}{409}\sqrt{1227}$.

35. Wie groß ist der Abstand d der parallelen Geraden g_1 und g_2 voneinander?

g_1 :	$7x + 24y + 10 = 0$	$12x - 5y - 29 = 0$
g_2 :	$7x + 24y - 35 = 0$	$12x - 5y - 16 = 0$.

Lösung: Bezeichnen p_1, p_2 die Längen der von O auf g_1, g_2 gefällten Lote und γ_1, γ_2 die Winkel, die sie mit der + X-Achse einschließen, so erhält man

$$\gamma_1 = \gamma_2 + \pi \qquad \gamma_1 = \gamma_2$$
$$d = p_1 + p_2 = 1{,}8 \qquad d = p_1 - p_2 = 1.$$

36. Die Gleichung einer Geraden durch den Punkt P_1 zu bestimmen, die senkrecht zur Geraden g ist, I. für $w = 90^0$, II. für beliebiges w.

$P_1 : (5, 6)$	$(a, 2b)$
$g : 7x + 4y = 12$	$(a + b)\,x + (a - b)\,y = c.$
Lösung: I. $4x - 7y = -22$	$(a - b)\,x - (a + b)y = a^2 - 3ab - 2b^2$
II. $(7\cos w - 4)x + (7 - 4\cos w)y - 22 - 11\cos w = 0$	$\left(b - a\,\mathrm{tg}^2\frac{w}{2}\right)x + \left(b + a\,\mathrm{tg}^2\frac{w}{2}\right)y + a(a - 2b)\,\mathrm{tg}^2\frac{w}{2} - b(a + 2b) = 0.$

37. Welche Koordinaten besitzt der Schnittpunkt der Geraden $7x + 3y = 14a + 3b$ und $2x - 5y = 4a - 5b$?

Lösung: $x_s = 2a, \quad y_s = b.$

38. Liegt jedes der folgenden Punktetripel P_1, P_2, P_3 auf einer Geraden, und welche Gleichung hat zutreffenden Falles diese Gerade?

a) $P_1(6, 6), \quad P_2(3, 5), \quad P_3(-6, 2);$
b) $P_1(7, 10), \quad P_2(-4, 7), \quad P_3(0, 8).$

Lösung: Liegen die drei Punkte auf einer Geraden, so hat das Dreieck $P_1P_2P_3$ den Flächeninhalt 0, was für die Punkte des Tripels a) der Fall ist, während das Dreieck des Tripels b) den Flächeninhalt $-\frac{1}{2}$ besitzt. Die Gerade des ersten Tripels hat die Gleichung $x - 3y + 12 = 0$.

39. Welche Beziehung muß zwischen den Konstanten a, b, c der Gleichung $ax + by + c = 0$ bestehen, damit die dadurch dargestellte Gerade g die Strecke zwischen den Punkten $P_1(x_1, y_1)$ und $P_2(x_2, y_2)$ im Verhältnis $\lambda : 1$ teilt?

Lösung: $ax_1 + by_1 + c + \lambda(ax_2 + by_2 + c) = 0.$

40. Die beiden Punkte P_1 und P_2 der Geraden $2y - x - 1 = 0$ haben die Abszissen $x_1 = 1$ und $x_2 = 6$. Zwei weitere Punkte

P_3 und P_4 haben die Koordinaten $(5, 4^1/_2)$ und $(2, 4)$. Was ist der Inhalt des Viereckes $P_1P_2P_3P_4$?

Lösung: 8.

41. Es soll gezeigt werden, daß der Flächeninhalt des von den drei Geraden $g_\nu : a_\nu x + b_\nu y + c_\nu = 0$ $(\nu = 1, 2, 3)$ gebildeten Dreiecks für $w = 90^0$ den Flächeninhalt

$$J = \begin{vmatrix} a_1 b_1 c_1 \\ a_2 b_2 c_2 \\ a_3 b_3 c_3 \end{vmatrix}^2 : 2 \begin{vmatrix} a_1 b_1 \\ a_2 b_2 \end{vmatrix} \begin{vmatrix} a_2 b_2 \\ a_3 b_3 \end{vmatrix} \begin{vmatrix} a_3 b_3 \\ a_1 b_1 \end{vmatrix}$$

hat.

Lösung: Man berechnet die Koordinaten der Eckpunkte $P_1 = g_2 \times g_3$, $P_2 = g_3 \times g_1$, $P_3 = g_1 \times g_2$ und erhält dann aus [A, § 13 (13')] für $\overrightarrow{P_1P_2P_3}$ den vorstehenden Ausdruck [1]).

§ 4. Strahlenbüschel. Dreieckssätze.

42. Gehen die drei Geraden, die durch eine der folgenden Gruppen von Gleichungen dargestellt sind, durch einen Punkt oder nicht? Welche Koordinaten hat gegebenen Falles der gemeinsame Punkt?

a) $7x + 3y = 41$, $3x - 4y = 7$, $-10x + y = -48$;

b) $7x + 3y = 14a + 3b$, $2x - 5y = 4a - 5b$, $3ax + 7by = 6a^2 + 7b^2$;

c) $4x + 5y = 19$, $2x + 9y = -29$, $11x - 10y = -8$.

Lösung: Entweder berechne man aus zwei der gegebenen Gleichungen die gemeinschaftlichen Werte von x und y und untersuche, ob dieselben die dritte Gleichung befriedigen, oder benutze [A, § 22 (29) oder A § 23 (31)].

a) $x_s = 5$, $y_s = 2$; b) $x_s = 2a$, $y_s = b$. c) Die Determinante aus den 9 Koeffizienten der drei Gleichungen hat den Wert 5224.

43. Durch den Schnittpunkt der Geraden $g_1 : 4x + 7y = 15$ und $g_2 : 9x - 14y = 4$ eine Gerade zu ziehen, die

a) durch den Punkt $(1, -2)$ geht,

b) durch den Schnittpunkt von $g_3 : 7x + 5y = 29$ und $g_4 : 2x - 11y = +7$ geht,

[1]) Für das Berechnen und die Multiplikation von Determinanten vgl. z. B. P. B. Fischer, Determinanten (Sammlung Göschen Bd. 402), Berlin 1928; Abschnitt II.

c) parallel zur Y-Achse,
d) parallel zu der Geraden $2x - 3y - 9 = 0$,
e) senkrecht zu der ersten Geraden ist,
f) mit $+X$- und Y-Achse ein Dreieck vom Inhalt $\frac{1681}{210}$

bildet.

Lösungen:

$$\left.\begin{array}{ll} \text{a)} & 357x - 119y - 595 = 0, \\ \text{b)} & 13x + 30y - 56 = 0, \\ \text{c)} & x = 2, \\ \text{d)} & 2x - 3y - 1 = 0, \end{array}\right\} \text{ für beliebige } w$$

$$\left.\begin{array}{ll} \text{e)} & 7x - 4y - 10 = 0, \\ \text{f)} & \text{2 Lösungen: } 3x + 35y - 41 = 0 \\ & \text{und } \quad 35x + 12y - 82 = 0 \end{array}\right\} \text{ für } w = \frac{\pi}{2}.$$

44. Durch den Punkt (x_1, y_1) eine Gerade so zu ziehen, daß ihre Abstände von den Punkten (x_2, y_2) und (x_3, y_3) sich wie $\lambda : 1$ verhalten. Was ergibt sich, wenn $\lambda = 0, \lambda = 1, \lambda = \infty$ $\lambda = -1$ wird?

Lösung:

$$y - y_1 = \frac{y_2 - \lambda(y_3 - y_1) - y_1}{x_2 - \lambda(x_3 - x_1) - x_1}(x - x_1).$$

45. Durch den Schnittpunkt der Geraden

$$y = x - 3, \quad y = 5x - 35$$

eine Gerade zu ziehen, deren Abstand vom Punkte $(-3, 7)$ die Länge 5 hat.

Lösung: 2 Gerade: $3x + 4y = 44$ und $7x - 24y = -64$.

46. Gegeben vier durch O gehende Strahlen $g_1, \ldots g_4$:

1) $y = \mu_1 x$, 2) $y = \mu_2 x$, 3) $y = \mu_3 x$, 4) $y = \mu_4 x$.

Es soll die Bedingung dafür gefunden werden, daß diese Strahlen ein harmonisches Büschel bilden, wobei 1) und 2) zugeordnet sind.

Lösung: Schneidet man die vier Strahlen durch eine beliebige Gerade, z. B. $x = 1$, so müssen die vier Schnittpunkte vier harmonische Punkte sein, woraus folgt:

$$(\mu_1 + \mu_2)(\mu_3 + \mu_4) = 2(\mu_1\mu_2 + \mu_3\mu_4).$$

Fallen die Strahlen 3 und 4 mit der X- und Y-Achse zusammen, so ist $\mu_1 = -\mu_2$. Ist noch das Koordinatensystem rechtwinklig, so folgt hieraus der Satz in [A. § 5].

47. In der Figur des Euklidischen Beweises des Pythagoräischen Satzes schneiden sich die Höhe OE des rechtwinkligen Dreiecks und die Verbindungslinien AC und BD der auf der Hypotenuse liegenden Dreiecksecken mit den Ecken der Kathetenquadrate, die nicht auf den Katheten oder ihren Verlängerungen liegen, in einem Punkte. (Fig. 1.)

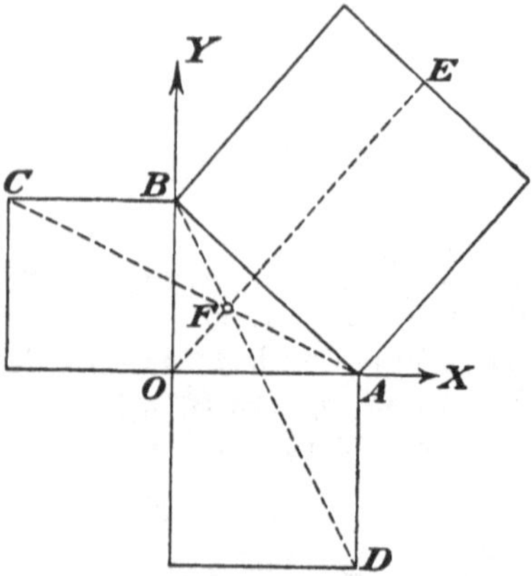

Fig. 1.

Zum *Beweise* wähle man die Katheten als Achsen eines rechtwinkligen Systems.

48. Es soll bewiesen werden, daß in jedem Dreieck sich die Höhen h_ν, die drei Mitteltransversalen s_ν (Schwerlinien) und die drei Mittellote m_ν zu den Seiten in je einem Punkte H, S, M schneiden, daß diese drei Punkte in gerader Linie liegen und sich $\overrightarrow{HS} : \overrightarrow{SM} = 2 : 1$ verhält, und daß S jede Mitteltransversale im Verhältnis $\overrightarrow{P_\nu S} : \overrightarrow{SM_\nu} = 2 : 1$ teilt, wo M_ν der Halbierungspunkt der P_ν gegenüberliegenden Seite ist.

Lösung: ([A, § 24.]) Zum Beweise dieses Satzes wählt man am zweckmäßigsten ein rechtwinkliges Koordinatensystem, dessen X-Achse mit einer Dreieckseite $P_1 P_2$ zusammenfällt und dessen Nullpunkt der Halbierungspunkt dieser Seite ist. Bezeichnet man die Koordinaten der drei Eckpunkte dann mit

$$P_1(x_1, 0); \quad P_2(-x_1, 0); \quad P_3(x_3, y_3),$$

und stellt man die Gleichungen der Höhen, Schwerlinien und Mittellote auf, so erkennt man leicht die Richtigkeit der ersten Behauptung.

Man findet $x_M = 0,\ y_M = \dfrac{x_3^2 - x_1^2 + y_3^2}{2y_3}$.

$$x_S = \frac{x_3}{3},\ y_S = \frac{y_3}{3},$$

$$x_H = x_3,\ y_H = -\frac{x_3^2 - x_1^2}{y_3};$$

also $$x_S = \frac{x_H + 2x_M}{3},\ y_S = \frac{y_H + 2y_M}{3},$$

wodurch nach [A, §11 (11)] die Richtigkeit der übrigen Behauptungen erbracht ist.

49. Durch die drei Ecken eines Dreiecks ziehe man Gerade, die mit den anliegenden Seiten des Dreiecks in gleichem Sinne den Winkel ε einschließen. Wie groß muß der Winkel ε gewählt werden, wenn diese drei Geraden sich in demselben Punkte E schneiden sollen (Fig. 2), und welche Koordinaten hat dieser Punkt?

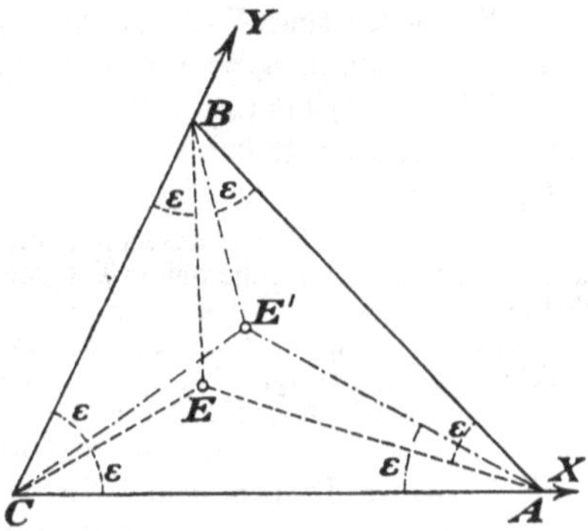

Fig. 2.

Lösung: Wählt man zwei der Seiten des Dreiecks, z. B. $CA = b$, $CB = a$ als Achsen des Koordinatensystems mit dem Winkel γ, während die Winkel bei A und B mit α und β bezeichnet seien und die C gegenüberliegende Seite die Länge c habe, so lassen sich leicht die Gleichungen der drei Geraden unter dem Winkel ε gegen die anliegenden Seiten aufstellen, und man erhält aus der Bedingung, daß sie sich in einem Punkte E schneiden sollen, für ε die Gleichung:

$$\cot\varepsilon = \cot\alpha + \cot\beta + \cot\gamma.$$

Der Schnittpunkt E liegt auf der Geraden:

$$y = \frac{\sin\varepsilon}{\sin(\gamma - \varepsilon)}\, x = \frac{a\,b}{c^2}\, x,$$

woraus sich eine einfache Konstruktion von ε ergibt: Man zeichnet ein Dreieck, in dem sich zwei Seiten, wie $ab : c^2$ verhalten und den

Winkel $\pi - \gamma$ einschließen; der der ersten Seite gegenüberliegende Winkel ist gleich ε. Der Punkt E liegt noch auf den durch A, bzw. B gehenden Geraden:

$$y = \frac{-a^3}{(a^2+c^2)b}(x-b) \text{ und } y - a = -\frac{a^2+b^2}{ab}x,$$

$$\text{woraus } x_E = \frac{a^2bc^2}{a^2b^2+b^2c^2+c^2a^2},\ y_E = \frac{a^3b^2}{a^2b^2+b^2c^2+c^2a^2} \text{ folgt.}$$

Die zweite mögliche Lösung ergibt sich, wenn derselbe Winkel ε statt in den drei Ecken A, B, C an die Seiten b, c, a an die Seiten c, a, b angetragen wird. Diese beiden Punkte E und E' heißen Brocardsche Punkte, waren aber lange vor Brocard schon von Crelle (1816) gefunden und müßten daher richtiger Crellesche Punkte heißen.

50. Die Seiten eines Vierecks seien durch ihre Gleichungen in der Normalform $n_\nu = 0$ gegeben und sollen die Längen l_ν $(\nu = 1, \ldots, 4)$ besitzen. Welche Gleichung hat die Verbindungslinie der Mittelpunkte A und B der beiden Diagonalen P_1P_3 und P_2P_4?

Lösung: AP_2 ist Mitteltransversale des Dreiecks $P_1P_2P_3$. Da sich die Lote von A auf die Seiten P_1P_2 und P_2P_3, wie $\sin P_3P_1P_2 : \sin P_1P_3P_2$, also wie $l_2 : l_1$ verhalten, so ist [A, § 23] die Gleichung von AP_2: $l_1n_1 - l_2n_2 = 0$. Analog findet man für AP_4, BP_1, BP_4 die Gleichungen $l_3n_3 - l_4n_4 = 0$, $l_1n_1 - l_4n_4 = 0$, $l_2n_2 - l_3n_3 = 0$. Folglich ist die Gleichung der Geraden AB:

$$l_1n_1 - l_2n_2 + l_3n_3 - l_4n_4 = 0.$$

51. In jedem Dreieck schneiden sich die drei Ecktransversalen nach den Berührungspunkten des einbeschriebenen Kreises in einem Punkte; das gleiche gilt für die Ecktransversalen nach den Berührungspunkten der drei anbeschriebenen Kreise.

Zum *Beweise* beider Sätze seien die Normalgleichungen der drei Seiten in bezug auf ein rechtwinkliges Koordinatensystem $n_\nu = 0 (\nu = 1, 2, 3)$ und die gegenüberliegenden Winkel α_ν. Ist B_3 der Berührungspunkt des einbeschriebenen Kreises mit der Seite P_1P_2 und B'_3 derjenige des anbeschriebenen Kreises, so ist

$$\overrightarrow{P_2B_3} : \overrightarrow{B_3P_1} = \cot\frac{\alpha_2}{2} : \cot\frac{\alpha_1}{2} \text{ und } \overrightarrow{P_2B'_3} : \overrightarrow{B'_3P_1} = \operatorname{tg}\frac{\alpha_2}{2} : \operatorname{tg}\frac{\alpha_1}{2}.$$

Mit Hilfe von [A, § 25 (b)] und des Sinussatzes folgt daraus weiter

$\lambda_1 : \lambda_2 = \cos^2 \frac{\alpha_1}{2} : \cos^2 \frac{\alpha_2}{2}$, bzw. $= \sin^2 \frac{\alpha_1}{2} : \sin^2 \frac{\alpha_2}{2}$, wenn die Gleichungen der Ecktransversalen durch P_3 in der Form $\lambda_1 n_1 - \lambda_2 n_2 = 0$ angesetzt werden, d. h. die Gleichung $\cos^2 \frac{\alpha_1}{2} \cdot n_1 - \cos^2 \frac{\alpha_2}{2} \cdot n_2 = 0$ für $P_3 B_3$ und $\sin^2 \frac{\alpha_1}{2} \cdot n_1 - \sin^2 \frac{\alpha_2}{2} \cdot n_2 = 0$ für $P_3 B_3'$. Die Addition der Gleichungen der ersteren drei Transversalen und die der letzteren drei ergibt den verlangten Beweis.

52. Es soll bewiesen werden, daß die drei Mittelsenkrechten zu den Seiten eines Dreiecks $P_1 P_2 P_3$ sich in einem Punkte schneiden.

Beweis: Sind x_ν, y_ν die rechtwinkligen Koordinaten von P_ν, so lautet die Gleichung der Mittelsenkrechten zu $P_1 P_2$:

$$2x(x_1 - x_2) + 2y(y_1 - y_2) - (x_1^2 - x_2^2 + y_1^2 - y_2^2) = 0.$$

Durch zyklische Indizesvertauschung erhält man die Gleichungen der beiden anderen Mittelsenkrechten und aus allen drei Gleichungen leicht den gesuchten Beweis.

§ 5. Die Gerade in Polarkoordinaten.

53. Welche Polargleichung hat die durch die Punkte $P_1(x_1, y_1)$ und $P_2(x_2, y_2)$ gehende Gerade, wenn der Pol mit dem Nullpunkte und die Polarachse mit der $+X$-Achse zusammenfällt?

Lösung: Sind ϱ_1, ϑ_1 und ϱ_2, ϑ_2 die durch die Transformationsformeln berechneten Polarkoordinaten von P_1 und P_2, so lautet die Gleichung:

$$\varrho \{\varrho_1 \cdot \sin(\vartheta_1 - \vartheta) - \varrho_2 \cdot \sin(\vartheta_2 - \vartheta)\} + \varrho_1 \varrho_2 \cdot \sin(\vartheta_2 - \vartheta_1) = 0.$$

54. Welches ist die Polargleichung einer Geraden, für welche das Lot vom Ursprung die Länge p und den Richtungswinkel γ hat? Welche Gleichungen haben die beiden Parallelen im Abstande d?

Lösung:

$$\varrho \cos(\vartheta - \gamma) = p;$$

$$\varrho \cdot \cos(\vartheta - \gamma) = p \pm d.$$

55. Welche Polargleichung hat eine Gerade, die auf der ersten Geraden in Aufgabe (54) senkrecht steht und von 0 den Abstand p hat?

Lösung:

$$\varrho \cdot \cos\left(\vartheta + \gamma \pm \frac{\pi}{2}\right) = p.$$

§ 6. Die Gerade als geometrischer Ort.

Bemerkung: Bei denjenigen der folgenden Aufgaben, bei denen über den Koordinatenwinkel w sich keine Angabe findet, ist $w = \frac{\pi}{2}$ gewählt.

56. Den geometrischen Ort aller Punkte zu finden, für welche die Differenz der Quadrate ihrer Abstände von zwei Punkten P_ν gleich dem gegebenen Werte d^2 ist.

Lösung: $2(x_1 - x_2)x + 2(y_1 - y_2)y = x_1^2 - x_2^2 + y_1^2 - y_2^2 - d^2$.

57. Auf der $+X$-Achse liegt der Punkt $P_0(x_0, 0)$. Gesucht der Ort des Punktes P, der sich so bewegt, daß $\operatorname{tg} POP_0 = k \operatorname{tg} PP_0O$ ist.

Lösung: $$x = \frac{a}{1+k}.$$

58. Gegeben die Gerade $y = mx$. Ein Punkt P bewegt sich so, daß sein Abstand p von der X-Achse zu seinem Abstand p_1 von jener Geraden sich wie $\lambda : 1$ verhält. Was ist der Ort von P in einem beliebigen Koordinatensystem?

Lösung: $$y = \lambda \frac{(y - mx)\sin w}{\pm\sqrt{1 + m^2 - 2m\cos w}}.$$

59. Es soll der geometrische Ort eines Punktes P bestimmt werden, dessen Abstand von O sich zu seinem Abstand von der Geraden $y = \frac{3}{2}x$ wie $2 : 1$ verhält.

Lösung: $23x^2 - 48xy + 3y^2 = 0$. Der Ort zerfällt in die beiden Geraden $y = \left(8 \pm \frac{13}{\sqrt{3}}\right)x$.

60. Was ist der geometrische Ort aller Punkte, deren Abstände von zwei festen Geraden eine gegebene Summe oder Differenz a haben?

Lösung: Als Koordinatenachsen wählt man am einfachsten die beiden Geraden. Bilden sie miteinander den Winkel w, so erhält man die vier Geraden
$$(x + y)\sin w = \pm a, \quad (x - y)\sin w = \pm a,$$
die also ein Rechteck einschließen.

61. Was ist der geometrische Ort aller Punkte, deren

Entfernungen von n gegebenen Geraden $g_1, g_2, \ldots, g_\nu$ eine gegebene Summe s liefern?

Lösung: Nimmt man die n Geraden in der Normalform als gegeben an, so ergibt sich leicht eine Gerade als der gesuchte geometrische Ort.

62. Eine Gerade wird parallel zu sich verschoben, so daß sie also auf den Achsen eines rechtwinkligen Koordinatensystems Strecken OP' und OP'' abschneidet, die in dem festen Verhältnis $OP' : OP'' = \lambda$ zueinander stehen. Über $P'P''$ wird das Rechteck $P'P''P'''P$ so konstruiert, daß P''' stets auf der festen Geraden $g: \frac{x}{a} + \frac{y}{b} = 1$ liegt. Was ist der Ort der vierten Ecke P? (Fig. 3.)

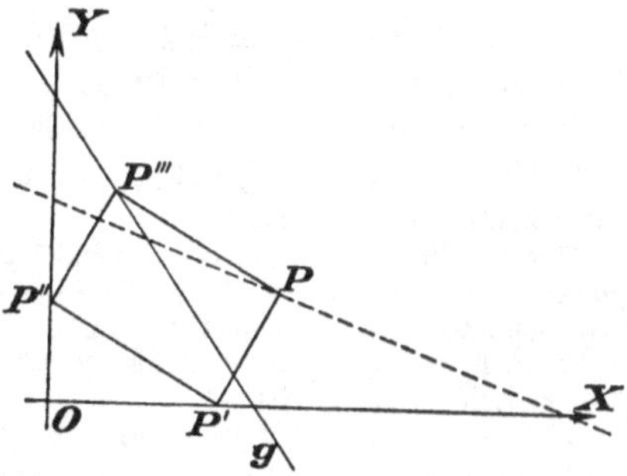

Fig. 3.

Lösung: $a\lambda \cdot x + (a\lambda + b - a)y = ab.$

Für $\lambda = 1$ ist die Lösung $\frac{x}{b} + \frac{y}{a} = 1$ das Spiegelbild der gegebenen festen Geraden inbezug auf die Quadrantenhalbierende.

63. Was ist für $\lambda = 1$ in Aufgabe (62) der geometrische Ort des Schnittpunktes Q der Geraden $P'P$ mit einer durch P''' zur X-Achse gezogenen Parallelen?

Lösung: $\frac{x}{a + 2b} - \frac{y_1}{b_1} + \frac{a}{a + 2b} = 0$, welche Gerade durch die Punkte $-a, 0$ und $2b, b$ geht.

64. Ein Punkt bewegt sich in der Ebene so, daß seine Koordinaten zur Zeit t bestimmt sind durch die Gleichungen $x = mt + a$, $y = nt + b$. Welche Linie beschreibt er und wo

befindet er sich zur Zeit $t = 0$? Wann und wo trifft er die Achsen? Zahlenbeispiel: $m = 5, n = 8, a = -4, b = -22$.

Lösung: $\frac{x-a}{m} = \frac{y-b}{n}$; für $t = 0: x = a, y = b$;

$$x = a - \frac{m}{n} b, y = 0 \text{ für } t = -\frac{b}{n}; \; x = 0, y = b - \frac{n}{m} a,$$

$$\text{für } t = -\frac{a}{m}.$$

65. Zwei Gerade $g_\nu (\nu = 1, 2)$ werden von einer beweglichen Geraden, die stets zu einer dritten Geraden g_3 parallel bleibt, in P_1 und P_2 geschnitten. Es soll der geometrische Ort des Schnittpunktes der in P_1 auf g_1 und in P_2 auf g_2 errichteten Lote bestimmt werden.

Lösung: Wählt man den Schnittpunkt von g_1 und g_2 als Nullpunkt 0, so kann man ihre Gleichungen schreiben $y = \mu_\nu x$. Nimmt man dann noch eine zu g_3 parallele Gerade durch 0 als X-Achse des rechtwinkligen Koordinatensystems, so erhält man als gesuchten geometrischen Ort die Gerade:

$$(1 - \mu_1 \mu_2) x + (\mu_1 + \mu_2) y = 0.$$

66. Eine Gerade schneidet die Schenkel eines Winkels, dessen Scheitel in P_1 liegt, in P_2 und P_3. Was ist der Ort für einen Punkt P, welcher P_2P_3 im Verhältnis $\lambda : 1$ teilt, wenn sich P_2P_3 so bewegt, daß die Summe oder Differenz von P_1P_3 und P_1P_2 gleich a ist?

Lösung: Betrachtet man P_1P_2 als $+X$- und P_1P_3 als $+Y$-Achse, so hat der Ort die Gleichung:

$$\lambda x \pm y = \frac{a\lambda}{1+\lambda}.$$

67. Von dem beweglichen Punkt P einer festen Geraden L, welche auf den Koordinatenachsen die Stücke a und b abschneidet, sind Lote auf die Koordinatenachsen gefällt. Es soll der Ort des Punktes gesucht werden, welcher die Verbindungsstrecke der Fußpunkte dieser Lote im Verhältnis $\lambda : 1$ teilt.

Lösung: $$\lambda b x + a y = \frac{ab\lambda}{1+\lambda}.$$

68. Über der festen Strecke P_1P_2 als Basis werden alle Dreiecke $P_1P_2P_3$ konstruiert, für die $P_1P_3^2 - P_2P_3^2 = d$ gegeben ist. Es soll der Ort der Spitze P_3 ermittelt werden.

Lösung: P_1P_2 wählt man als X-Achse und den Halbierungspunkt dieser Strecke als Y-Achse eines rechtwinkligen Systems. Ist x_1 die Abszisse von P_1, so erhält man als geometrischen Ort die Parallele zur Y-Achse: $x = -\frac{d}{4x_1}$.

69. Der geometrische Ort der Mittelpunkte aller Rechtecke, die man in ein Dreieck $P_1P_2P_3$ so einbeschreiben kann, daß eine Seite derselben in P_1P_2 und die übrigen beiden Ecken des Rechtecks auf den Seiten P_1P_3 und P_2P_3 liegen, ist die Verbindungslinie der Halbierungspunkte der Grundlinie P_1P_2 und der Höhe h.

Lösung: Benutzt man als Koordinatenachsen die Grundlinie des Dreiecks und seine Höhe durch P_3, die die Länge h habe, während ihr Fußpunkt O die Grundlinie in $OP_1 = p_1$, $OP_2 = p_2$ teilt, so ergibt sich als gesuchter geometrischer Ort: $\frac{2x}{p_1 + p_2} + \frac{2y}{h} = 1$.

70. Schneidet man die Seiten P_1P_3 und P_2P_3 eines Dreiecks durch eine bewegliche Paralle zur dritten Seite und zieht in den so entstehenden Trapezen die Diagonalen, so ist der geometrische Ort ihrer Schnittpunkte zu finden.

Lösung: Hier benutzt man P_3P_1 und P_3P_2 als Koordinatenachsen; es seien $a, 0$ die Koordinaten von P_1, $0, b$ die von P_2. Dann ist $\frac{x}{a} - \frac{y}{b} = 0$ der gesuchte geometrische Ort, welche Gerade P_3 mit dem Halbierungspunkte von P_1P_2 verbindet.

71. Die Ecken P_1 und P_2 des Dreiecks $P_1P_2P_3$ sind fest, während sich P_3 auf der Geraden $g: y = \mu x + n$ bewegt. Es soll bewiesen werden, daß die Ecken E_3, E_4 und der Mittelpunkt des $P_1P_2P_3$ einbeschriebenen Quadrats, von dem die beiden Ecken E_1, E_2 auf der Geraden P_1P_2, während E_3 und E_4 auf den beiden andern Dreiecksseiten P_2P_3 und P_1P_3 liegen, auf geraden Linien liegen, die sämtlich durch den Schnittpunkt S von g mit der x-Achse gehen (Fig. 4).

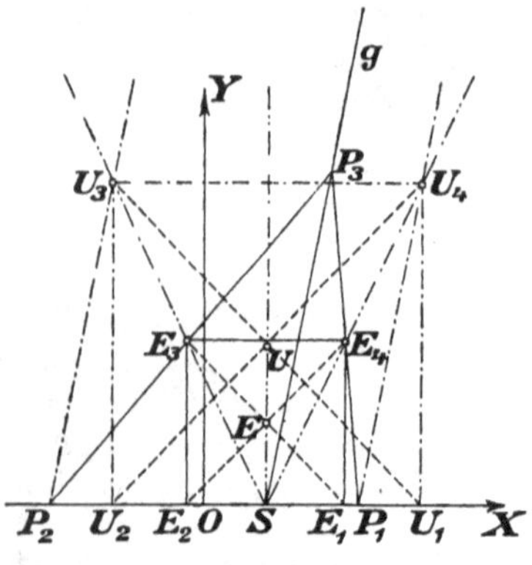

Fig. 4.

Man benutze zum Beweise ein rechtwinkliges Koordinatensystem, in dem P_1 und P_2 die Koordinaten $(x_1, 0)$ und $(-x_1, 0)$ haben. Die Koordinaten von E_1, E_2, E_3, E_4 und des Mittelpunktes E des Quadrates lassen sich dann durch x_1, x_3 und $y_3 = \mu x_3 + n$ darstellen. Dann hat man noch x_3 aus den Gleichungen für die beiden Koordinaten des Punktes E_3, bzw. aus denen für E_4 und E zu eliminieren, um die Gleichungen der gesuchten geometrischen Orte dieser drei Punkte zu erhalten. Es läßt sich weiter leicht die Richtigkeit der folgenden Konstruktion zeigen: Man ziehe durch P_1 und P_2 Parallelen zu g, welche mit P_1P_2 das besondere Dreieck bilden, dessen dritte Ecke unendlich fern liegt, und eine Parallele zu P_1P_2 im Abstande gleich P_1P_2. Schneidet diese letztere Parallele die beiden ersteren in U_3, U_4 und fällt man von diesen Punkten die Lote U_3U_2 und U_4U_1 auf die Gerade P_1P_2, so ist das Quadrat $U_1U_2U_3U_4$ dem besonderen Dreieck einbeschrieben. Man erhält für U_3, U_4 und den Mittelpunkt U dieses Quadrates die Koordinaten:

$$-\frac{\mu-2}{\mu}x_1,\ 2x_1;\quad \frac{\mu+2}{\mu}x_1,\ 2x_1;\quad \frac{2x_1}{\mu},\ x_1.$$

72. Von dem Dreieck $P_1P_2P_3$ sind seine drei Winkel $\alpha_1, \alpha_2, \alpha_3$ gegeben. Während die Ecke P_1 festgehalten wird, soll sich P_2 auf einer festen Geraden g bewegen. Es soll der geometrische Ort von P_3 ermittelt werden.

Lösung: Man wähle P_1 als Pol und das von P_1 auf g gefällte Lot P_1Q als Polarachse, dann sind $r = P_1P_3$, $\vartheta = QP_1P_3$ die Polarkoordinaten von der Ecke P_3. Für alle Dreiecke ist $P_1P_2 : P_1P_3 = \sin\alpha_3 : \sin\alpha_2$ und folglich $r\cdot\cos(\vartheta-\alpha_1) = s\cdot\frac{\sin\alpha_2}{\sin\alpha_3}$, wenn s die Länge von P_1Q bezeichnet.

73. Von einem Dreieck $P_1P_2P_3$ ist die Basis $P_1P_2 = p_3$ und die Differenz der beiden andern Seiten gleich d gegeben. In P_2 wird auf der Seite P_2P_3 das Lot errichtet und nach dem geometrischen Orte des Punktes P gefragt, in dem das Lot die innere Winkelhalbierende des Winkels $P_1P_3P_2$ schneidet.

Lösung: Wählt man P_1 als Pol und P_1P_2 als Polarachse, so sind $r = P_1P$ und $\vartheta = P_2P_1P$ die Polarkoordinaten von P, also $r = p_2 \cdot \operatorname{tg} \frac{\alpha_3}{2}$, wenn p_1 und p_2 die Längen der Seiten P_2P_3 und P_1P_3 und α_ν den an der Ecke P_ν liegenden Dreieckswinkel bezeichnen. Der Cosinussatz liefert $p_1^2 = p_2^2 + p_3^2 - 2p_2p_3 \cos\alpha_1$, woraus, da $\alpha_1 = \frac{\pi}{2} - \vartheta$, $p_2 - p_1 = d$ ist, $p_2 = \frac{p_3^2 - d^2}{2[p_3 \sin\vartheta - d]}$ folgt.

Ferner ist $\cot\frac{\alpha_3}{2} = \frac{p_1 \cos\frac{\alpha_3}{2}}{p_1 \sin\frac{\alpha_3}{2}} = \frac{p_1 \cdot \sin\alpha_3}{p_1(1 - \cos\alpha_3)} = \frac{p_3 \cos\vartheta}{p_3 \sin\vartheta - d}$,

da $p_1 \sin\alpha_3 = p_3 \sin\alpha_1 = p_3 \cos\vartheta$ und $p_1 \cos\alpha_3 = p_2 - p_3 \cos\alpha_1 = p_2 - p_3 \sin\vartheta$ ist. Folglich wird

$$r \cdot \cos\vartheta = p_2 \cdot \operatorname{tg}\frac{\alpha_3}{2} \cdot \cos\vartheta = \frac{p_3^2 - d^2}{2p_3},$$

welche Gleichung eine Senkrechte zu P_1P_2 im Abstande $\frac{p_3^2 - d^2}{2p_3}$ von P_1 ist.

III. Abschnitt.

Die Kegelschnitte im allgemeinen.

§ 7. Ableitung von Eigenschaften aus der allgemeinen Gleichung.

74. Es ist die Bedingung dafür anzugeben, daß die Kurve

$$a_{11}x^2 + 2a_{12}xy + a_{22}y^2 + 2a_{13}x + 2a_{23}y + a_{33} = 0$$

a) durch den Nullpunkt geht, bzw. den Nullpunkt zum Mittelpunkte hat;

b) die X-, bzw. Y-Achse berührt,

c) die X-Achse in einem unendlich fernen Punkt schneidet, d. h. daß sie eine Parallele zur X-Achse als Asymptote hat,

d) die X-Achse in zwei unendlich fernen Punkten trifft, daß also die X-Achse selbst Asymptote ist,

e) symmetrisch zur X-, bzw. Y-Achse liegt,

f) symmetrisch zur Halbierungslinie des 1. u. 3., bzw. 2. und 4. Feldes liegt.

Für a)... d) ist der Koordinatenwinkel w beliebig, für e) und f) dagegen $w = \frac{\pi}{2}$.

Lösung: a) $a_{33} = 0$, bzw. $a_{13} = a_{23} = 0$;
b) $a_{11}a_{33} = a_{13}^2$, bzw. $a_{22}a_{33} = a_{23}^2$. Die Berührung findet statt in dem Punkte $\left(-\frac{a_{13}}{a_{11}}, 0\right)$, bzw. $\left(0, -\frac{a_{23}}{a_{22}}\right)$;
c) $a_{11} = 0$;
d) $a_{11} = a_{13} = 0$;
e) $a_{12} = a_{23} = 0$, bzw. $a_{12} = a_{13} = 0$;
f) $a_{11} = a_{22}$, $a_{13} = a_{23}$, bzw. $a_{11} = a_{22}$, $a_{13} = -a_{23}$.

75. Die Gleichung eines Kegelschnittes zu bestimmen, der durch die Punkte (1,0), (0,3), (2,7), (4,1) und durch den Nullpunkt geht.

Lösung: $7x^2 - 17xy + 8y^2 - 7x - 24y = 0$.

76. Es soll der Ort der Halbierungspunkte der Sehnen des Kegelschnittes der vorigen Aufgabe und die Tangenten gefunden werden, die parallel zu der Geraden $y = \mu x + n$ sind. Der gesuchte Ort ist der zu der Sehnenrichtung konjugierte Durchmesser [A, § 33], sein Schnittpunkt mit der Geraden $y = \mu x$ der Mittelpunkt.

Lösung: $(a_{12} + a_{22}\mu)y = -\{(a_{11} + a_{12}\mu)x + a_{13} + a_{23}\mu\}$.
Die Tangenten in den Schnittpunkten dieser Geraden mit der Kurve sind parallel zur gegebenen Geraden.

Zahlenbeispiele:

1.) $3x^2 + 2xy - 6x + 8y - 4 = 0$ und $\mu = 0$, bzw. ∞:
$3x + y - 3 = 0$, bzw. $x + 4 = 0$, Mittelpunkt $(-4, 15)$,
Tangenten: $y = 15 \pm \sqrt{204}$, $x = -4$ (Asymptote);

2.) $x^2 - 6xy + 2y^2 - 6 = 0$ und $\mu = 0$, bzw. ∞:
$x - 3y = 0$, bzw. $-3x + 2y = 0$, Mittelpunkt $(0, 0)$,

Tangenten: $y = \pm i\sqrt{\frac{6}{7}}$, $x = \pm i\sqrt{\frac{12}{7}}$; also die Tangenten parallel zu den Koordinatenachsen sind imaginär;

3.) $6x^2 - 4xy + 9y^2 - 4x - 32y - 6 = 0$, $y = 5x + 2$: $4x - 43y + 82 = 0$.

77. Wie muß μ gewählt werden, damit die Halbierungspunkte der Sehnen, die in dem Kegelschnitt

$$4x^2 + 2xy + 3y - 12 = 0$$

parallel der Geraden

$$y = \mu x + n$$

gezogen werden,

a) auf einer Parallelen zu der X-Achse liegen,

b) auf einer Geraden liegen, welche auf der Y-Achse ein Stück von der Länge 9 abschneidet,

c) auf einer Parallelen zu der Geraden $y = -5x + 2$,

d) auf einer durch O gehenden Geraden liegen?

Lösung: a) $\mu = -4$; b) $\mu = -6$; c) $\mu = 1$; d) $\mu = 0$.

78. Die Gleichung der Tangente an die Kurve 2. Grades im Punkte P_1 soll als Grenzlage einer Sekante P_1P_2, wo P_2 ebenfalls ein Punkt der Kurve ist, hergeleitet werden.

Lösung: Die Gleichung der Sekante kann geschrieben werden:

$$\frac{y - y_1}{x - x_1} = \frac{y_1 - y_2}{x_1 - x_2}.$$

Aus $f(x_2, y_2) - f(x_1, y_1) = 0$ folgt leicht

$$\frac{y_1 - y_2}{x_1 - x_2} = -\frac{a_{11}(x_1 + x_2) + 2a_{12}y_1 + 2a_{13}}{2a_{12}x_2 + a_{22}(y_1 + y_2) + 2a_{23}}.$$

Setzt man diesen Wert in die Sekantengleichung ein, so kann man den Grenzübergang $x_2 = x_1$, $y_2 = y_1$ ausführen und erhält dann wieder die Tangentengleichung [A, § 32 (46)].

79. Die Gleichungen der Tangenten zu finden, die parallel zu der Geraden $y = 3x - 1$ an die Kurve

$$x^2 - 2xy + y^2 - 3x + 6y - 12 = 0$$

gezogen werden können.

Lösung: $$y = 3x - \frac{139}{8}.$$

Warum ergibt sich nur eine Tangente? (Parabel.)

80. Welche Bedingung muß erfüllt sein, wenn in bezug auf einen beliebigen Kegelschnitt der Pol jeder Koordinatenachse auf der andern liegt?

Lösung: Man stelle die Bedingungen auf, unter der die Polare eines Punktes P_1 mit der Geraden $Ax + By = 0$ zusammenfällt. Liegt P_1 auf einer der Koordinatenachsen, so folgt die Bedingung $a_{12}a_{33} = a_{13}a_{23}$, wenn entweder $B = 0$ oder $A = 0$ ist.

81. Gib (für beliebiges w) die Art der Kegelschnitte, die durch folgende Gleichungen dargestellt sind, an, ermittele ihre Schnittpunkte mit den Koordinatenachsen und ihre Mittelpunkte:

a) $6x^2 - 4xy + 9y^2 - 4x - 32y - 6 = 0;$

b) $4x^2 + 2xy + 3y - 12 = 0;$

c) $4x^2 - 4xy + y^2 - 8x - 8y + 4 = 0;$

d) $4x^2 - 6xy + 11y^2 - 2x + 6y + 1 = 0.$

Lösungen:

a) Reelle Ellipse; $(\frac{1}{3}(1 \pm \sqrt{10}), 0)$; $(0, \frac{1}{9}(16 \pm \sqrt{310}))$; Mittelpunkt 1, 2.

b) Hyperbel; $(\pm \sqrt{3}, 0)$; $(0, 4)$; Mittelpunkt $(-\frac{3}{2}, 6)$.

c) Parabel; für $y = 0$ erhält man $(x - 1)^2 = 0$, die Parabel berührt also die X-Achse im Punkte $(1, 0)$. $0, 4 \pm 2\sqrt{3}$; Mittelpunkt im Unendlichen;

d) Imaginäre Ellipse; Mittelpunkt $(\frac{2}{35}, -\frac{9}{35})$.

82. Bestimme unter der Annahme, daß sich die Kurvengleichungen auf ein rechtwinkliges System beziehen, die Gleichungen der Achsen für a), b) und die der Asymptoten für b) in Nr. (79). Transformiere die Kurvengleichungen auf die Kurvenachsen.

Lösungen:

a) $x - 2y + 3 = 0,\ 2x + y - 4 = 0,\ \dfrac{x'^2}{20} + \dfrac{y'^2}{40} = 1;$

b) $y - 6 = (-2 \pm \sqrt{5})(x + \frac{3}{2})$; $2x + 3 = 0$ und $2x + y - 3 = 0$; $x'^2 - y'^2 = 6\sqrt{5}$.

Die Gleichung (48) in [A, § 33] ist hier (statt (48')) zu nehmen, weil $a_{22} = 0$ ist.

83. Für die Parabel c) in (79) sollen die Richtungen der Achse und der Scheiteltangente bestimmt und die Kurvengleichungen auf das von diesen beiden Geraden gebildete Koordinatensystem transformiert werden.

Lösungen: Für die Parabel ergibt sich nach § 31 die Achse parallel der Geraden $y - 2x = 0$ und die Scheiteltangente parallel $x + 2y = 0$. Als Koordinatentransformationen erhält man

$$10x' = 10x + 20y - 7, \quad y' = -10x + 5y + 4$$

und als Kurvengleichung: $y'^2 = 120x'$. Die Scheitelkoordinaten sind daher: $\frac{23}{50}$, $\frac{6}{50}$.

84. Zeige durch Auflösung nach x oder y, daß folgende Gleichungen reelle oder imaginäre Geradenpaare darstellen:

a) $21x^2 + xy - 10y^2 = 0;$

b) $11x^2 + 4xy + 34x - 12y - 3 = 0;$

c) $4x^2 + 20xy + 25y^2 - 18x - 45y + 8 = 0;$

d) $x^2 + 9y^2 + 10x + 12y + 29 = 0;$

e) $x^2 - 14xy + 49y^2 + 25 = 0;$

f) $xy + ax - by - ab = 0.$

Als Ausartung welches Kegelschnittes ist nach dem Kennzeichen $\delta = a_{11}a_{22} - a_{12}^2$, wenn a_{11}, a_{12}, a_{22} die Koeffizienten von $x^2, 2xy, y^2$ in der allgemeinen Gleichung zweiten Grades sind, jedes dieser Geradenpaare aufzufassen?

Lösung: a) reell, durch den Nullpunkt; Hyperbel. b) reell, durch den Punkt (3, 8); Hyperbel. c) zwei reelle parallele Gerade; Parabel. d) imaginär, durch den Punkt $(5, -\frac{2}{3})$; Ellipse. e) zwei imaginäre parallele Gerade; Parabel. f) reell, durch $(b, -a)$; Hyperbel.

85. Zeige, daß bei beliebigem Koordinatensystem jede Gleichung von der Form

$$a_{11}x^2 + a_{22}y^2 + 2a_{13}x + 2a_{23}y + a_{33} = 0,$$

wenn a_{11} und a_{22} gleiche Vorzeichen haben, eine (reelle oder imaginäre) Ellipse und wenn sie entgegengesetztes Vorzeichen haben, eine Hyperbel darstellt. Die Koordinatenachsen sind einem Paare konjugierter Durchmesser parallel, also bei $w = \frac{\pi}{2}$ im besonderen den Kurvenachsen. Bestimme für die folgenden

Beispiele die Mittelpunktskoordinaten und die Längen der den Koordinatenachsen parallelen Durchmesser.

a) $25x^2 + 9y^2 - 50x - 54y - 119 = 0;$
b) $9x^2 - 25y^2 - 18x + 200y - 616 = 0;$
c) $4x^2 + 25y^2 - 40x + 150y - 225 = 0;$
d) $-36x^2 + 9a^2y^2 + 6a^2by - 3a^2b^2 = 0;$
e) $x^2 + 4y^2 + ax + 2by - c^2 = 0.$

Lösung: Die Kurvengleichung läßt sich schreiben:

$$a_{11}\left(x + \frac{a_{13}}{a_{11}}\right)^2 + a_{22}\left(y + \frac{a_{23}}{a_{22}}\right)^2 + a_{33} - \frac{a_{13}^2}{a_{11}} - \frac{a_{23}^2}{a_{22}} = 0$$

und liefert als Mittelpunktkoordinaten $-\frac{a_{13}}{a_{11}}, -\frac{a_{23}}{a_{22}}$ und als Längen der Halbmesser $\sqrt{a_{22}k}$, $\sqrt{a_{11}k}$, wo

$$k = \frac{-a_{11}a_{22}a_{33} + a_{13}^2 a_{22} + a_{23}^2 a_{11}}{a_{11}^2 a_{22}^2} \qquad \text{ist.}$$

a) $$\frac{(x-1)^2}{9} + \frac{(y-3)^2}{25} = 1;$$

b) $$\frac{(x-1)^2}{25} - \frac{(y-4)^2}{9} = 1;$$

c) $$\frac{(x-5)^2}{\frac{275}{2}} + \frac{(y+3)^2}{22} = 1;$$

d) $$-\frac{x^2}{\frac{4a^2}{3}} + \frac{\left(y + \frac{b}{3}\right)^2}{\frac{4b^2}{9}} = 1;$$

e) $$\left(x + \frac{a}{2}\right)^2 + 4\left(y + \frac{b}{4}\right)^2 = c^2 + \frac{a^2 + b^2}{4}.$$

86. Zeige, daß jede Gleichung von der Form

$$a_{22}y^2 + 2a_{13}x + 2a_{23}y + a_{33} = 0$$

eine Parabel darstellt. Die Parabelachse ist parallel zur X-Achse, die Tangente im Schnittpunkte der Kurve mit der X-Achse parallel zur Y-Achse. Welche Koordinaten hat der Scheitel?

Zahlenbeispiele:

$$\begin{aligned} &\text{a)}\quad y^2 - 12x - 6y + 57 = 0;\\ &\text{b)}\quad y^2 + 6x + 6y + 27 = 0;\\ &\text{c)}\quad y^2 - 8x - 14y + 49 = 0;\\ &\text{d)}\quad x^2 + 6x + 6y + 27 = 0. \end{aligned}$$

Lösung: Die Kurvengleichung läßt sich schreiben:

$$(a_{22} y + a_{23})^2 = -2 a_{22} a_{13} \left(x + \frac{a_{22} a_{33} - a_{23}^2}{2 a_{22} a_{13}}\right);$$

$$\text{Scheitel} \left(\frac{-a_{22} a_{33} + a_{23}^2}{2 a_{22} a_{13}}, \; -\frac{a_{23}}{a_{22}}\right);$$

$$\begin{aligned} &\text{a)}\ (y-3)^2 = 12(x-4);\\ &\text{b)}\ (y+3)^2 = -6(x+3);\\ &\text{c)}\ (y-7)^2 = 8x;\\ &\text{d)}\ (x+3)^2 = -6(y+3); \end{aligned}$$

d) ist ein Beispiel der analogen Aufgabe für

$$a_{11}x^2 + 2a_{13}x + 2a_{23}y + a_{33} = 0.$$

87. Wann stellt die allgemeine Gleichung zweiten Grades bei beliebigem Koordinatensystem eine gleichseitige Hyperbel dar?

Lösung: Die beiden Asymptotenrichtungen ϑ_1, ϑ_2 werden durch die Gleichung [*A*, § 33 (48)] bestimmt:

$$a_{11} \sin^2(w - \vartheta) + 2a_{12} \sin(w - \vartheta) \sin\vartheta + a_{22} \sin^2\vartheta = 0.$$

Bildet man sich nun diese Gleichung für ϑ_1 und $\vartheta_2 = \vartheta_1 + \frac{\pi}{2}$ und addiert beide Gleichungen zueinander, so erhält man, da $\sin(w - \vartheta_2) = -\cos(w - \vartheta_2)$, $\sin\vartheta_2 = \cos\vartheta_1$ ist, als gesuchte Bedingung

$$a_{11} - 2a_{12}\cos w + a_{22} = 0.$$

Für $w = \frac{\pi}{2}$: $\qquad a_{22} = -a_{11}.$

88. Drei Punkte P_1, P_2, P_3 jeder gleichseitigen Hyperbel bestimmen ein Dreieck, dessen Höhenschnittpunkt P_4 ebenfalls auf ihr liegt.

Lösung: Man wähle das rechtwinklige Koordinatensystem so, daß die Koordinaten der Punkte P_1, P_2, P_3 sind:

$$x_1, 0; \quad x_2, 0; \quad 0, y_3.$$

Dann hat der Höhenschnittpunkt die Koordinaten $0, -\frac{x_1 x_2}{y_3}$. Man beachte noch, daß x_1 und x_2 Wurzeln der Gleichung

$$a_{11}x^2 + 2a_{13}x + a_{33} = 0 \text{ sind.}$$

89. Die Gleichungen der von einem Punkte $P_1(x_1, y_1)$ an einen beliebigen Kegelschnitt gezogenen Tangenten zu finden.

Lösung: Sind (x, y) die Koordinaten eines zweiten Punktes P, so werden die beiden Schnittpunkte von P_1P mit dem Kegelschnitte durch die Gleichung

$$\varkappa^2 f(x,y) + 2\varkappa\{f'(x_1,y_1)\cdot x + f''(x_1,y_1)\cdot y + f'''(x_1,y_1)\} + f(x_1,y_1) = 0,$$

wo $f^{(i)}(x,y) = a_{i1}x + a_{i2}y + a_{i3}$ für $i = \text{I, II, III}$ ist, geliefert [A, § 32 (45)]. Damit die Gerade P_1P zur Tangente von P_1 aus an den Kegelschnitt wird, müssen die beiden Wurzelwerte von $\varkappa$ gleich sein, was für P die Bedingung ergibt:

$$\{f'(x_1,y_1)\cdot x + f''(x_1,y_1)\cdot y + f'''(x_1,y_1)\}^2 - f(x_1,y_1)\cdot f(x,y) = 0.$$

Diese Gleichung zweiten Grades stellt aber zwei gerade Linien dar, die sich in P_1 schneiden und also die gesuchten Tangenten sind. Ordnet man die vorstehende Gleichung nach Potenzen von x und y und bildet für deren Koeffizienten die Diskriminante, so verschwindet diese, wie es sein muß.

Die Berührungspunkte dieser beiden Tangenten sind die Schnittpunkte der Polaren des Punktes P_1 mit dem Kegelschnitte.

90. Aus der numerischen Exzentrizität λ eines Kegelschnittes, den Koordinaten ξ, η eines Brennpunktes F und der Gleichung $x\cdot\cos\alpha + y\cdot\sin\alpha - p = 0$ der zu ihm gehörigen Leitlinie l soll die Gleichung des Kegelschnittes für rechtwinklige Koordinaten hergestellt werden.

Lösung: Ist $P(x, y)$ ein Punkt der Kurve, PD sein Abstand von der Leitlinie l, so ist $PF = \lambda\cdot PD$, woraus sich die Kurvengleichung ergibt:

$$a_{11}x^2 + 2a_{12}xy + a_{22}y^2 + 2a_{13}x + 2a_{23}y + a_{33} = 0,$$

wobei

$$\lambda^2\cos^2\alpha - 1 = a_{11},\quad \lambda^2\cos\alpha\sin\alpha = a_{12},\quad \lambda^2\sin^2\alpha - 1 = a_{22},$$
$$\xi - \lambda^2 p\cos\alpha = a_{13},\quad \eta - \lambda^2 p\cdot\sin\alpha = a_{23},\quad \lambda^2p^2 - \xi^2 - \eta^2 = a_{33}.$$

Anmerkung: Zwischen den ersten drei Koeffizienten besteht die Beziehung:

$$a_{12}^2 - a_{11}a_{22} - a_{11} - a_{22} = 1.$$

Zahlenbeispiele:

1. $p = 2$, $\cos\alpha = \frac{3}{5}$, $\sin\alpha = \frac{4}{5}$, $\xi = 6, \eta = 5$, $\lambda = 1$ (Parabel):
$$16x^2 - 24xy + 9y^2 - 240x - 170y + 1425 = 0;$$
2. $\lambda = \frac{4}{5}$ (Ellipse), die halbe große Achse $a = 10$, der Cosinus und

Sinus ihres Neigungswinkels gegen die X-Achse gleich $\frac{5}{13}$ und $\frac{12}{13}$, $\xi = 3$, $\eta = 13$:
$3825x^2 - 1920xy + 1921y^2 - 24690x - 106586y + 750894 = 0.$

91. Die Gleichung eines Kegelschnittes sei in bezug auf ein Koordinatensystem mit dem Winkel 60°:

$$36x'^2 + 36x'y' + 21y'^2 + 48x' + 24y' - 73 = 0.$$

Man transformiere die Gleichung auf ein rechtwinkliges System (X, Y), dessen X-Achse der X'-Achse parallel ist und dessen Nullpunkt die Koordinaten $x_0' = 1, y_0' = -\frac{5}{4}$ hat. Welchen Wert hat die Diskriminante Δ' für das alte, welchen Wert die Diskriminante Δ für das neue System und welche Werte haben die Mittelpunktsdeterminanten δ', δ?

Lösung: $36x^2 + 16y^2 - 24x + 40y - 60 = 0.$
$\Delta' = -2^4 \cdot 3^3 \cdot 89, \Delta = -2^6 \cdot 3^2 \cdot 89$; $\delta' = 2^4 \cdot 3^3$, $\delta = 2^6 \cdot 3^2$, also $\Delta' = \frac{3}{4} \cdot \Delta$, $\delta' = \frac{3}{4}\delta$. Die Kurve ist eine reelle Ellipse mit dem Mittelpunkt $x = \frac{1}{3}$, $y = -\frac{5}{4}$; die Achsen fallen mit $x = \frac{1}{3}$ und $y = -\frac{5}{4}$ zusammen und haben die Längen $\frac{8}{3}$, $\frac{1}{2}\sqrt{85}$.

92. Ein beliebiger Kegelschnitt

$$f(x, y) = a_{11}x^2 + 2a_{12}xy + a_{22}y^2 + 2a_{13}x + 2a_{23}y + a_{33} = 0$$

sei bezogen auf ein Koordinatensystem mit dem Winkel w und werde transformiert auf ein rechtwinkliges System, dessen X'-Achse mit der alten X-Achse den Winkel α einschließt. In welcher Beziehung stehen Δ und Δ', bzw. δ und δ' zueinander?

Lösung: Man hat die Transformationsgleichungen [A, § 10. IV_{II}] anzuwenden:

$$x \cdot \sin w = x_0 + x' \cdot \sin(w - \alpha) - y' \cdot \cos(w - \alpha),$$
$$y \cdot \sin w = y_0 + x' \cdot \sin\alpha + y' \cdot \cos\alpha.$$

Setzt man diese Werte für x, y in $f(x, y) = 0$ ein und ordnet wieder nach $x'^2, x'y', y'^2, x', y'$, so lassen sich die Koeffizienten dieser Potenzen und das absolute Glied leicht angeben, sie seien mit $a_{11}', \ldots, a_{33}'$ bezeichnet und sind Funktionen der a und der Sinus- und Cosinusfunktionen von $w - \alpha$ und α. Bildet man nun

$$\Delta' = \begin{vmatrix} a_{11}' & a_{12}' & a_{13}' \\ a_{21}' & a_{22}' & a_{23}' \\ a_{31}' & a_{33}' & a_{33}' \end{vmatrix}, \qquad \delta' = \begin{vmatrix} a_{11}' & a_{12}' \\ a_{21}' & a_{22}' \end{vmatrix},$$

so findet man

$$\Delta' = \Delta \cdot \begin{vmatrix} \sin(w-\alpha) & -\cos(w-\alpha) & x_0 \\ \sin\alpha & \cos\alpha & y_0 \\ 0 & 0 & 1 \end{vmatrix}^2 = \Delta \cdot \sin^2 w,$$

$$\delta' = \delta \cdot \begin{vmatrix} \sin(w-\alpha) & -\cos(w-\alpha) \\ \sin\alpha & \cos\alpha \end{vmatrix}^2 = \delta \cdot \sin^2 w.$$

Die zweite Determinante ϑ heißt die Substitutionsdeterminante. Man erhält das vorstehende Resultat am bequemsten durch Anwendung des Multiplikationssatzes zweier Determinanten, indem man zuerst das Produkt $\Delta \cdot \vartheta$ bildet und dieses nochmals mit ϑ nach demselben Satze multipliziert. Beide Male komponiert man die Spalten beider Determinanten. Das wirkliche Ausmultiplizieren von $\Delta \cdot \vartheta^2$ und $\delta \cdot \vartheta^2$ läßt sich durchführen, ist aber für $\Delta \cdot \vartheta^2$ schon äußerst mühsam.

Für $w = \frac{\pi}{2}$ ist $\Delta' = \Delta$, $\delta' = \delta$ und man sagt, die Diskriminante Δ und die Mittelpunktsdeterminante δ sind in bezug auf alle Transformationen eines rechtwinkligen Systems auf ein anderes rechtwinkliges invariant.

Das Resultat in Nr. (86) ist also nur ein spezieller Fall des allgemeinen Resultates, da dort $\sin w = \frac{1}{2}\sqrt{3}$ war.

§ 8. Projektive und affine Transformation.

Definition. Ordnet man jedem Punkte $P(x, y)$ der Ebene einen anderen Punkt $\Pi(\xi, \eta)$ zu mittelst der Gleichungen

$$x = \frac{c_1\xi + d_1\eta + e_1}{c_3\xi + d_3\eta + e_3}, \quad y = \frac{c_2\xi + d_2\eta + e_2}{c_3\xi + d_3\eta + e_3},$$

wo die Konstanten beliebige Werte haben und nur der Bedingung $\begin{vmatrix} c_1 d_1 e_1 \\ c_2 d_2 e_2 \\ c_3 d_3 e_3 \end{vmatrix} \neq 0$ *genügen müssen, so spricht man von einer projektiven Zuordnung oder projektiven Transformation, die jeden Punkt P in einen zugeordneten Punkt Π überführt. Die x, y und ξ, η sind Koordinaten in demselben Parallelsystem.*

Ist $c_3 = d_3 = 0$, in welchem Falle man die Transformationsgleichungen schreiben kann: $x = c_1\xi + d_1\eta + e_1$, $y = c_2\xi + d_2\eta$

$+ e_2$, *mit der Bedingung* $c_1 d_2 - c_2 d_1 \neq 0$, *so heißt die Transformation speziell eine affine.*

Jeder Satz, der für eine projektive Transformation gilt, ist auch für eine affine Transformation gültig, nicht aber umgekehrt. Die Formeln für eine affine Transformation sind von derselben Gestalt wie die für eine Koordinatentransformation. Während aber durch die projektive (und affine) Transformation zwei Figuren auf dasselbe Koordinatensystem bezogen zueinander in Beziehung gesetzt sind, wird durch eine Koordinatentransformation ein und dieselbe Figur auf zwei verschiedene Parallelkoordinatensysteme bezogen.

93. Durch eine projektive Transformation wird der Grad einer algebraischen Gleichung in zwei Veränderlichen nicht geändert. Man beweise dies für Gleichungen ersten und zweiten Grades, d. h. eine gerade Linie geht durch eine solche Transformation wieder in eine solche und ein Kegelschnitt wieder in einen Kegelschnitt über, wobei aber die Art des Kegelschnittes im allgemeinen nicht erhalten zu bleiben braucht.

94. Bei einer affinen Transformation ist das Teilverhältnis von drei Punkten einer Geraden gleich dem ihrer Bildpunkte: $\overrightarrow{P_1P_3} : \overrightarrow{P_3P_2} = \overrightarrow{\Pi_1\Pi_3} : \overrightarrow{\Pi_3\Pi_2}$.

Beweis: Man wende auf $x_3 - x_1 : x_2 - x_3 = y_3 - y_1 : y_2 - y_3$ die affinen Transformationsformeln an und beachte, daß auch $\xi_3 - \xi_1 : \xi_2 - \xi_3 = \eta_3 - \eta_1 : \eta_2 - \eta_3$ sein muß.

95. Bei einer projektiven Transformation bleibt das Doppelverhältnis von vier Punkten ungeändert:

$$(P_1P_2P_3P_4) = (\Pi_1\Pi_2\Pi_3\Pi_4).$$

Der *Beweis* wird in ähnlicher Weise wie in Aufgabe (94) geführt, indem man die Formeln für die projektive Transformation auf die beiden Quotienten $\overrightarrow{P_1P_3} : \overrightarrow{P_3P_2} = \varkappa_1$, $\overrightarrow{P_1P_4} : \overrightarrow{P_4P_2} = \varkappa_2$ anwendet.

96. Durch eine affine Transformation geht ein Kegelschnitt stets in einen anderen gleicher Art über.

Beweis: Wendet man auf $f(x,y) = 0$ (in Aufgabe Nr. (92)) eine affine Transformation an, so erhält man für die Mittelpunktsdeterminante des transformierten Kegelschnittes durch eine gleiche Rechnung wie dort:

$$\begin{vmatrix} a_{11} & a_{12} \\ a_{21} & a_{22} \end{vmatrix} \cdot \begin{vmatrix} c_1 & d_1 \\ c_2 & d_2 \end{vmatrix}^2.$$

97. Durch eine affine Transformation gehen Pol und Polare eines Kegelschnittes in Pol und Polare des transformierten Kegelschnittes über; dasselbe gilt auch für eine projektive Transformation.

98. Es soll gezeigt werden, daß durch projektive Transformation ein Kreis in einen beliebigen, nicht zerfallenden Kegelschnitt übergeführt werden kann.

Beweis: Man gehe aus von dem Kreise $x^2 + y^2 - r^2 = 0$. Als Wert der Mittelpunktsdeterminante des transformierten Kreises erhält man

$$(c_1 d_2 + c_2 d_1)^2 - (c_3 d_1 + c_1 d_3 r)^2 - (c_3 d_2 + c_2 d_3 r)^2.$$

Dieser Wert ist negativ, wenn z. B. für die Transformation gewählt wird: $c_1 = -c_2$, $d_1 = d_2$; er ist positiv für $\frac{c_1}{d_1} = \frac{c_2}{d_2} = -\frac{c_3}{d_3 r}$ und gleich Null für $c_1 = d_1 = 0$, $\frac{c_2}{d_2} = -\frac{c_3}{d_3 r}$.

In gleicher Weise läßt sich zeigen, daß durch projektive Transformation ein beliebiger Kegelschnitt in eine Ellipse, Parabel oder Hyperbel übergeführt werden kann.

Bemerkung. Deutet man x, y und ξ, η als Parallelkoordinaten in zwei verschiedenen Ebenen, so zeigen die Aufgaben 94 bis 98, daß die affine Transformation einer Projektion der Punkte und Linien der einen Ebene auf die andere bei geeigneter Lage der letzteren durch parallele Strahlen (Parallel-Projektion) entspricht, die projektive Transformation aber einer solchen durch von einem im Endlichen gelegenen Punkte ausgehende Strahlen (Zentral-Projektion).

IV. Abschnitt.

Der Kreis.

§ 9. Kreis und Gerade. Tangente.

99. Bestimme die Koordinaten x_0, y_0 des Mittelpunktes und den Halbmesser ϱ des Kreises, der durch die Gleichung

$$x^2 + 2xy \cos w + y^2 + 2ax + 2by + c = 0$$

dargestellt ist. Welchen Wert muß der Koordinatenwinkel w haben, damit die Gleichungen:

$$x^2 + y^2 + 10x + 7y - \frac{17}{4} = 0;$$

$$4(x^2 + xy + y^2) + 60x + 42y - 247 = 0$$

Kreise darstellen?

Lösung:

$$(x - x_0)^2 + (y - y_0)^2 + 2(x - x_0)(y - y_0) \cos w - \varrho^2 = 0,$$

wo

$$x_0 = \frac{b \cdot \cos w - a}{\sin^2 w}, \quad y_0 = \frac{a \cos w - b}{\sin^2 w},$$

$$\varrho^2 = \frac{a^2 + b^2 - 2ab \cos w}{\sin^2 w} - c;$$

$$w = \frac{\pi}{2}: \; x_0 = -5, \; y_0 = -\frac{7}{2}, \quad r = \sqrt{33};$$

$$w = \frac{\pi}{3}: \; x_0 = -\frac{13}{2}, \; y_0 = -2, \; r = 11.$$

100. Die Gleichung eines Kreises zu finden, der den Radius 50 besitzt, auf der + X-Achse eine Sehne von der Länge 28 ausschneidet und durch den Punkt (0, 8) geht.[1])

Lösung: $(x - 30)^2 + (y - 48)^2 = 17^2$.

101. Wie lautet die Gleichung eines Kreises, der die X-Achse im Punkt (5, 0) berührt und aus der Y-Achse eine Sehne von der Länge 10 ausschneidet?

Lösung: $(x - 5)^2 + (y \mp 5\sqrt{2})^2 = 50$.

102. Die Gleichung eines Kreises zu finden, der durch den Punkt (32, 81) geht und die beiden Koordinatenachsen berührt.

Lösung: Es müssen die Mittelpunktskoordinaten absolut genommen gleich dem Radius ϱ sein und $\varrho = 41$ oder 185.

103. Wann berührt ein Kreis die beiden Achsen eines schiefwinkligen Systems?

Lösung: Legt man die Gleichung des Kreises in der Form von Aufgabe (99) zugrunde, so muß $a = \pm b$, $c = a^2 = b^2$, $\varrho^2 = \mp \frac{2a^2 \cos w}{1 \pm \cos w}$

[1]) Vgl. Bemerkung auf S. 22.

sein, wo überall die oberen oder überall die unteren Zeichen zu nehmen sind. Die oberen Zeichen entsprechen dem Falle, daß der Kreis im 1. oder 3. Felde, die unteren dem, daß er im 2. oder 4. Felde liegt.

104. Wie lautet die Gleichung eines Kreises, der die X-Achse in O berührt und durch den Punkt (15, 25) geht?

Lösung: $x^2 + (y - 17)^2 = 17^2$.

105. Wie lautet die Gleichung eines Kreises, der durch die Punkte (x_1, y_1), (x_2, y_2) geht und dessen Mittelpunkt auf der Geraden $y = \mu x + n$ liegt?

Lösung: $(x - 7)^2 + (y - 2)^2 = 16$.

106. Die Gleichung eines Kreises zu finden, der durch die Punkte P_1, P_2 und P_3 geht.

Lösung: $x^2 + 2xy\cos w + y^2 + 2a \cdot x + 2b \cdot y + c = 0$,

wo $$2a = -\frac{D_1}{D},\quad 2b = -\frac{D_2}{D},\quad c = -\frac{D_3}{D} \text{ ist,}$$

wenn

$$D = |\; x_1 \quad y_1 \quad 1 \;|,$$
$$D_1 = |\; x_1^2 + 2x_1y_1\cos w + y_1^2 \quad y_1 \quad 1 \;|,$$
$$D_2 = |\; x_1 \quad x_1^2 + 2x_1y_1\cos w + y_1^2 \quad 1 \;|,$$
$$D_3 = |\; x_1 \quad y_1 \quad x_1^2 + 2x_1y_1\cos w + y_1^2 \;|$$

ist[1]).

Zahlenbeispiele für $w = \frac{\pi}{2}$:

$$P_1\,(26, 4);\ P_2\,(9, 21);\ P_3\,(17, 17).$$

Lösung: $(x - 2)^2 + (y + 3)^2 - 625 = 0$.

Die Gleichung des gesuchten Kreises kann also geschrieben werden: $D(x^2 + 2xy\cos w + y^2) - D_1x - D_2y - D_3 = 0$.

107. Die Koordinaten der Ecken eines Dreiecks seien (x_1, y_1) usf., die des Umkreismittelpunktes $M(x_0, y_0)$. Es soll bewiesen werden, daß die Koordinaten (ξ, η) des Mittelpunktes F des Kreises der neun Punkte

$$\xi = \frac{x_1 + x_2 + x_3 - x_0}{2},\quad \eta = \frac{y_1 + y_2 + y_3 - y_0}{2}$$

sind $\left(w = \frac{\pi}{2}\right)$. Unter dem Kreise der neun Punkte, dem sog.

---

[1]) Die D, D_1, D_2, D_3 sind Determinanten 3. Grades, von denen nur die 3 Elemente der ersten Zeile hingeschrieben sind; aus ihnen ergeben sich die der andern Zeilen durch zyklische Vertauschung der Indizes 1, 2, 3 [A, § 12].

Feuerbachschen Kreise eines Dreiecks, versteht man den Kreis, der durch die Mitten der Seiten des Dreiecks, die drei Höhenfußpunkte und die Mitten der auf jeder Höhe durch den Schnittpunkt H der drei Höhen und die Ecken des Dreiecks begrenzten Strecken geht.

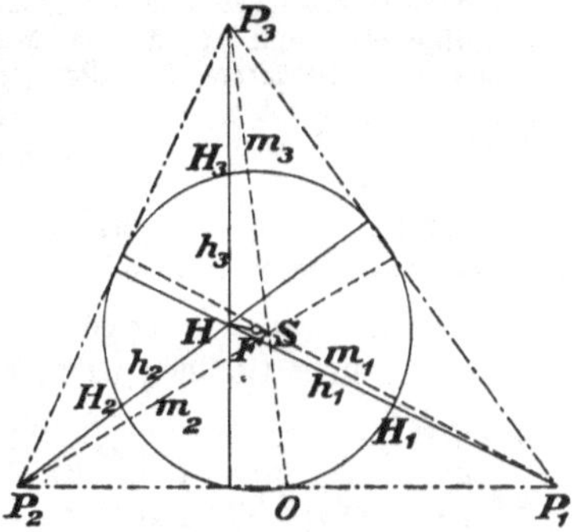

Fig. 5.

Ist S wieder der Schwerpunkt des Dreiecks, so liegen die vier Punkte H, F, S, M in einer Geraden, sodaß

$$\overrightarrow{HF} : \overrightarrow{FS} = 3 : 1, \ \overrightarrow{HS} : \overrightarrow{SM} = 2 : 1$$

sich verhält. (Fig. 5).

Lösung: Nach der vorigen Aufgabe hat man, da für $w = \frac{\pi}{2}$: $a = -x_0$. $b = -y_0$ ist:

$$D \cdot x_0 = \tfrac{1}{2} \left| x_1^2 + y_1^2 \quad y_1 \quad 1 \right|,$$
$$D \cdot y_0 = \tfrac{1}{2} \left| x_1 \quad x_1^2 + y_1^2 \quad 1 \right|$$

und entsprechend, wenn man den Feuerbachschen Kreis als den durch die Mittelpunkte der Seiten gehenden Kreis auffaßt:

$$\varDelta \cdot \xi = \frac{1}{2} \left| \left(\frac{x_1 + x_2}{2}\right)^2 + \left(\frac{y_1 + y_2}{2}\right)^2 \quad \frac{y_1 + y_2}{2} \quad 1 \right|,$$

$$\varDelta \cdot \eta = \frac{1}{2} \left| \frac{x_1 + x_2}{2} \quad \left(\frac{x_1 + x_2}{2}\right)^2 + \left(\frac{y_1 + y_2}{2}\right)^2 \quad 1 \right|,$$

$$\text{wo } \varDelta = \left| \frac{x_1 + x_2}{2} \quad \frac{y_1 + y_2}{2} \quad 1 \right| = \frac{1}{4} D \text{ ist.}$$

Mit Hilfe der Determinantensätze lassen sich aus diesen Werten für x_0, y_0; ξ, η die aufgestellten Formeln leicht beweisen.

Um noch zu zeigen, daß der Feuerbachsche Kreis auch durch die Höhenfußpunkte und durch die Mitten der Höhenabschnitte zwischen dem Schnittpunkte der Höhen und den Seiten des Dreiecks geht, wählt man das Koordinatensystem zweckmäßig noch speziell. z. B. so, daß P_1 und P_2 die Koordinaten $(x_1, 0)$ und $(-x_1, 0)$ haben.

Die letzte Behauptung ergibt sich dann leicht mit Berücksichtigung von Aufg. 48.

108. Die Koordinaten der gemeinschaftlichen Punkte eines Kreises und einer Geraden zu finden.

Beispiele:

a) $x^2 + y^2 = 289, \quad 8x - 15y = 289;$

b) $x^2 + y^2 = 100, \quad 7x + 24y = 300;$

c) $5x^2 + 5y^2 + 24x - 12y + 16 = 0,$
$3x - 4y + 12 = 0$

Lösung: a) $(8, -15)$; b) imaginär; c) $\left(-\frac{4}{5}, \frac{12}{5}\right), (-4, 0)$.

109. Die Bedingung zu finden, unter der die Gerade $y = \mu x + n$ den Kreis mit dem Radius ϱ um den Punkt $P_0(x_0, y_0)$ schneidet, berührt oder nicht schneidet. Wie lauten die Gleichungen der zu der gegebenen Geraden parallelen Tangenten?

Lösung: $\varrho\sqrt{1 + \mu^2} \gtreqless |y_0 - \mu x_0 - n|$.

110. Die Gleichung der Tangente zu finden, welche an den um O mit dem Halbmesser ϱ beschriebenen Kreis in dem zu der Abszisse x_1 gehörigen im ersten Feld liegenden Punkt gezogen ist.

a) $\varrho = 25, \quad x_1 = 7$; b) $\varrho = 13, \quad x_1 = 12$.

Lösungen: a) $7x + 24y = 25^2$; b) $12x + 5y = 13^2$.

111. Die Gleichungen der vom Punkte P_1 an den mit dem Radius ϱ_0 um P_0 beschriebenen Kreis möglichen Tangenten zu finden.

Lösung: Verfährt man nach Aufg. 89, so findet man

$$\{(x_1 - x_0)^2 - \varrho_0^2\}(y - y_1)$$
$$= \{(x_1 - x_0)(y_1 - y_0) \pm \varrho_0\sqrt{(x_1 - x_0)^2 + (y_1 - y_0)^2 - \varrho_0^2}\}(x - x_1).$$

Beispiel: $x_0 = 2$, $y_0 = 3$; $x_1 = 8, y_1 = 10$; $\varrho_0 = 2$;
$3x - 4y + 16 = 0$, $15x - 8y - 40 = 0$.

112. Die Gleichung einer durch den Punkt (x_1, y_1) gehenden Geraden zu finden, welche von dem Punkt (x_2, y_2) den Abstand d hat.

$$x_1 = 3, \quad y_1 = 7, \quad x_2 = -5, \quad y_2 = 4, \quad d = \frac{19}{17}.$$

Lösung: Es gibt zwei Geraden der gesuchten Art;

$$y = \frac{8}{15}x + \frac{27}{5} \quad \text{und} \quad y = \frac{280}{1209}x + \frac{7623}{1209}.$$

113. An den um O mit ϱ beschriebenen Kreis eine Tangente so zu ziehen, daß

a) das zwischen die $+X$- und $+Y$-Achse fallende Stück derselben eine gegebene Länge s habe;

b) die zwischen dem Berührungspunkt und den Koordinatenachsen liegenden Stücke sich wie $\lambda : 1$ verhalten;

c) der Inhalt des Dreieckes, das die Tangente mit der $+X$- und $+Y$-Achse bildet, gleich f^2 ist.

Lösung: a) Die Koordinaten des Berührungspunktes x_1, y_1 sind

$$x_1 = \frac{\varrho}{2\sqrt{s}}(\sqrt{s + 2\varrho} \mp \sqrt{s - 2\varrho}),$$

$$y_1 = \frac{r}{2\sqrt{s}}(\sqrt{s + 2\varrho} \pm \sqrt{s - 2\varrho}), \quad s \geqq 2\varrho,$$

wo in x_1 und y_1 die oberen, bzw. unteren Vorzeichen zusammengehören. Ist die Gleichung der Tangente in der Form
$x \cos\alpha + y \sin\alpha - \varrho = 0$ gesucht, so ergibt sich α aus

$$\sin 2\alpha = \frac{2\varrho}{s}.$$

b) $\sphericalangle \alpha$ folgt aus $\operatorname{tg}\alpha = \sqrt{\lambda}$.

c) $\sphericalangle \alpha$ ergibt sich aus $\sin 2\alpha = \frac{\varrho^2}{f^2}$.

114. Die Gleichung eines Kreises vom Halbmesser $r = 53$ zu finden, der die Gerade $45x + 28y - 1433 = 0$ im Punkt mit der Abszisse $x_1 = 25$ berührt.

Lösung: Zwei Kreise,

$$(x + 20)^2 + (y + 17)^2 = 53^2,$$
$$(x - 70)^2 + (y - 39)^2 = 53^2.$$

115. Die Gleichung eines um den Punkt (6, 7) beschriebenen Kreises zu finden, der die Gerade $y = \frac{5}{12}x - 2$ berührt.

Lösung: $(x-6)^2 + (y-7)^2 = 6^2$.

116. Die Koordinaten des Mittelpunktes eines Kreises zu berechnen, der durch die Punkte (3, 1) und (9, 5) geht und die X-Achse berührt.

Lösung: Zwei Kreise; $\left(\frac{3 \pm \sqrt{65}}{2}, \ \frac{39 \mp 3\sqrt{65}}{4}\right)$.

117. Die Gleichung des Kreises zu finden, der dem von den Geraden $y = 0$, $y = \frac{3}{4}x + 3$, $y = -\frac{5}{12}x + \frac{25}{3}$ gebildeten Dreiecke einbeschrieben ist.

Lösung: $(x-5)^2 + (y-3)^2 = 3^2$.

118. Die Gleichung eines Kreises zu finden, der die Gerade $4x + 3y = 27$ in dem Punkt mit der Abszisse 3 berührt und durch den Punkt $(9, -3)$ geht.

Lösung: $\left(x - \frac{63}{11}\right)^2 + \left(y - \frac{31}{11}\right)^2 = \frac{1300}{121}$.

119. Die Gleichung eines Kreises zu finden, der durch die Punkte (2, 4), (5, 0) und die zu ihnen in bezug auf die Y-Achse symmetrischen Punkte geht.

Lösung: $4x^2 + 4y^2 + 5y - 100 = 0$.

120. Die Gleichungen der beiden Tangenten zu finden, welche an den um O mit $\varrho = 17$ beschriebenen Kreis so gezogen werden können, daß sie senkrecht zu der Geraden $15x - 8y = 10$ sind.

Lösung: $8x + 15y = \pm 17^2$.

§ 10. Pol und Polare.

121. Die Gleichung der Polaren des Punktes (x_1, y_1) in bezug auf den um O mit ϱ beschriebenen Kreis zu finden und die Polare zu zeichnen.

$\varrho = 12$; $x_1 =$ 7	3	5	0	1	0
$y_1 =$ 2	4	0	-6	2	0

Lösung: $x_1x + y_1y - 144 = 0$.

Für den Nullpunkt erhält man die unendlich ferne Gerade.

122. Wie lautet die Gleichung der Polaren des Punktes (x_1, y_1) a) für einen Kreis um O, dessen Halbmesser gleich Null ist; b) für einen Kreis, dessen Halbmesser unendlich groß ist? In letzterem Fall sei der Kreis (Gerade gleich Kreis von unendlich großem Halbmesser) gegeben durch die Gleichung

$$Ax + By + C = 0.$$

Lösung: a) $x_1 x + y_1 y = 0$, die Polare geht also durch O und steht auf seiner Verbindungslinie mit dem Pol senkrecht.

b) $$A(x + x_1) + B(y + y_1) + 2C = 0.$$

123. Die Koordinaten des Poles für die Gerade $Ax + By + C = 0$ bezüglich des Kreises $x^2 + y^2 = \varrho^2$ zu finden.

Beispiele:

$$\varrho = 6: \quad \text{a) } 7x - 5y + 12 = 0, \quad \text{b) } x - 3 = 0.$$

Lösung: $$\left(-\frac{A\varrho^2}{C}, -\frac{B\varrho^2}{C}\right).$$

a) $(-21, 15)$; b) $(12, 0)$.

124. Zu beweisen, daß die Polaren zu vier harmonischen Punkten ein harmonisches Büschel bilden.

125. Es soll bewiesen werden, daß, wenn man von jedem von zwei Punkten P_1, P_2 auf die Polare p_2, p_1 des anderen das Lot fällt, die Längen dieser Lote sich verhalten wie die Abstände der Punkte vom Mittelpunkte: $d_1 : d_2 = e_2 : e_1$ (Satz von Salmon). (Fig. 6).

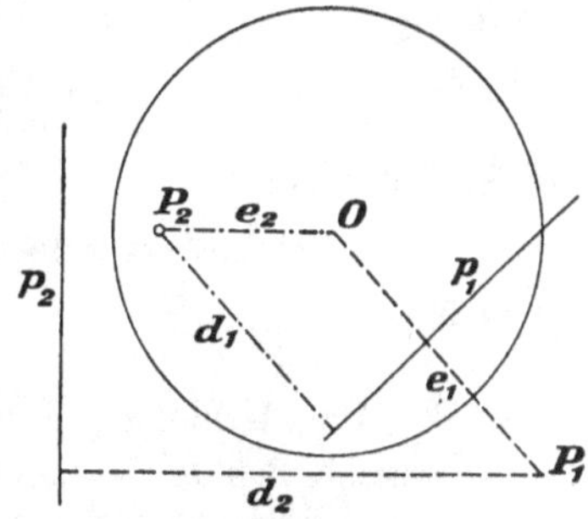

Fig. 6.

§ 11. Behandlung des Kreises mit Polarkoordinaten.

126. Bestimme die durch die Gleichungen in Polarkoordinaten

$$1) \; r = 2\varrho \cdot \cos\vartheta, \quad 2) \; r = 2\varrho \cdot \sin\vartheta,$$

wo r, ϑ die Polarkoordinaten, ϱ eine Konstante bezeichnen, dargestellten Kurven.

Lösung: Kreise mit dem Radius ϱ und den Mittelpunktskoordinaten $(\varrho, 0)$, bzw. $(0, \varrho)$.

127. Die Gleichung eines Kreises vom Radius ϱ in Polarkoordinaten zu finden, dessen Mittelpunktskoordinaten (r_0, ϑ_0) sind.

Lösung: $$r^2 + r_0^2 - 2rr_0 \cdot \cos(\vartheta - \vartheta_0) = \varrho^2.$$

128. Die Tangente an den Kreis vom Radius ϱ und mit dem Mittelpunkte (r_0, ϑ_0) im Berührungspunkte (r_1, ϑ_1) zu finden.

Lösung: $$r\{r_1 \cos(\vartheta - \vartheta_1) - r_0 \cos(\vartheta - \vartheta_0)\} = r_1\{r_1 - r_0 \cos(\vartheta_1 - \vartheta_0)\}.$$

129. Die Polare für den Punkt (r_1, ϑ_1) in bezug auf den vorigen Kreis zu finden.

Lösung: $r\{r_1\cos(\vartheta - \vartheta_1) - r_0\cos(\vartheta - \vartheta_0)\} = r_0\{r_1\cos(\vartheta_1 - \vartheta_0) - r_0\} + \varrho^2$.

Anm. Ist (r_1, ϑ_1) ein Punkt der Kreisperipherie, so ist
$$\varrho^2 = r_0^2 + r_1^2 - r_0 r_1 \cos(\vartheta_1 - \vartheta_0),$$
und diese Gleichung geht in die vorige über.

130. Es ist zu zeigen, daß jede Polargleichung von der Gestalt:
$$r^2 + 2(a \cos\vartheta + b \sin\vartheta)\, r + c = 0$$
einen Kreis darstellt.

Lösung: Polarkoordinaten des Mittelpunktes $\left(\sqrt{a^2 + b^2}, \operatorname{arc\,tg} \frac{b}{a}\right)$, Radius $\sqrt{a^2 + b^2 - c}$.

§ 12. Der Kreis als geometrischer Ort.

131. Durch die Punkte des um O mit ϱ beschriebenen Kreises werden Parallelen von der Länge a in den beiden Richtungen der Geraden $y = mx + c$ abgetragen. Was ist der Ort der Endpunkte der Parallelen?

Lösung: $$\left(x \mp \frac{a}{\sqrt{1 + m^2}}\right)^2 + \left(y \mp \frac{am}{\sqrt{1 + m^2}}\right)^2 = \varrho^2.$$

Was ist der Fall, wenn $a = \varrho$ ist?

132. Auf der X-Achse eines Koordinatensystems sind zwei Punkte P_1 und P_2 mit den Abszissen $+a$ und $-a$ gegeben. Durch P_1 und P_2 wird je eine Gerade gezogen, welche die Y-Achse in Q_1, bzw. Q_2 schneidet. Was ist der Ort des Schnittpunktes P der Geraden P_1Q_1 und P_2Q_2, wenn sie sich so bewegen, daß $OQ_1 \cdot OQ_2 = a^2$ ist, und Q_1 und Q_2 stets auf derselben Seite bleiben?

Lösung: $$x^2 + y^2 = a^2.$$

133. Gegeben Kreis k um O mit Halbmesser ϱ. Ein Punkt P bewegt sich so,

a) daß die von ihm an k gezogenen Tangenten die Länge c haben,

b) den Winkel 2α einschließen (besonderer Fall $2\alpha \doteq 90^0$),

c) daß die Berührungssehne die Länge $2s$ hat.

Was ist die Gleichung für den Ort von P?

Lösung: a) $x^2 + y^2 = \varrho^2 + c^2$, b) $x^2 + y^2 = \dfrac{\varrho^2}{\sin^2\alpha}$,

c) $$x^2 + y^2 = \frac{\varrho^4}{\varrho^2 - s^2}.$$

134. Die Grundlinie $BC \doteq a$ eines Dreiecks ABC ist fest. Die Spitze A bewegt sich so, daß $AB : AC = \lambda : 1$. Was ist der Ort von A? Was ergibt sich für $\lambda = 1$?

Lösung: Nimmt man BC als + X-Achse, B als Ursprung, so ergibt sich
$$(1 - \lambda^2)(x^2 + y^2) + 2\lambda^2 a x - \lambda^2 a^2 = 0.$$

135. Auf der X-Achse eines rechtwinkligen Koordinatensystems sind zwei Punkte A_1 und A_2 mit den Abszissen $+a$ und $-a$ gegeben. Ein Punkt P bewegt sich so, daß

a) $A_1P^2 + \lambda \cdot A_2P^2 = c^2$, (Probe mit $\lambda = 1$, $c = 2a$);

b) $$\Delta A_1PA_2 = \lambda \cdot A_1P^2.$$

Was ist der geometrische Ort von P?

Lösung:

a) $(1 + \lambda)(x^2 + y^2) - 2ax(1 - \lambda) + (1 + \lambda)a^2 - c^2 = 0;$

b) $$(x - a)^2 + y^2 = \frac{ay}{\lambda}.$$

136. Was ergibt sich als Ort von P, wenn P' sich so bewegt, wie P in Nr. 135 a, b, und wenn P Schwerpunkt des Dreiecks A_1A_2P' ist?

Lösung:

a) $9(1+\lambda)(x^2+y^2)-6a(1-\lambda)x+(1+\lambda)a^2-c^2=0,$

b) $\left(x-\frac{a}{3}\right)^2+y^2=\frac{ay}{3\lambda}.$

137. Um den Punkt $A_1(a, 0)$ ist ein Kreis mit Halbmesser ϱ beschrieben; von dem Punkt $A_2(-a, 0)$ ist nach dem beweglichen Punkt P' des Kreises ein Strahl A_2P' gezogen. Dieser ist durch P im Verhältnis $\lambda : 1$ geteilt. Was ist der Ort von P?

Lösung: $$\left(x+\frac{a(1-\lambda)}{1+\lambda}\right)^2+y^2=\frac{\varrho^2\lambda^2}{(1+\lambda)^2}.$$

138. Um die Punkte $A_1(+a, 0)$ und $A_2(-a, 0)$ der X-Achse drehen sich zwei Strahlen l_1 und l_2 mit gleicher Winkelgeschwindigkeit; die Richtungswinkel ihrer Anfangslagen sind um $\sphericalangle\,\alpha$ verschieden. Auf l_1 bewegt sich der Punkt P', auf l_2 der Punkt P''. Was ist der Ort eines Punktes P, der sich so bewegt, daß $P'P=c_1$ und parallel zur Y-Achse, $P''P=c_2$ und parallel zur X-Achse ist?

Lösung: $$\operatorname{tg}\alpha(x^2+y^2-c_2x-c_1y-a^2+ac_2)$$
$$=-c_1x+(2a-c_2)y+c_1c_2-ac_1.$$

Besondere Fälle:

$$\text{a) } \alpha=\frac{\pi}{4}; \qquad \text{b) } \alpha=\frac{\pi}{4},\; c_2=c_1.$$

139. Es ist der Ort der Punkte zu bestimmen, deren Entfernungen von zwei festen Punkten P_1, P_2 sich wie $k_1 : k_2$ verhalten.

Lösung: Kreis mit den Mittelpunktskoordinaten
$$x_0=\frac{k_2^2x_1-k_1^2x_2}{k_2^2-k_1^2}, \qquad y_0=\frac{k_2^2y_1-k_1^2y_2}{k_2^2-k_1^2}$$
und dem Radius
$$\varrho_0^2=x_0^2+y_0^2+k_1^2(x_2^2+y_2^2)-k_2^2(x_1^2+y_1^2).$$

140. Den geometrischen Ort eines Punktes P zu ermitteln, der sich so bewegt, daß die Summe der Quadrate seiner Abstände von drei gegebenen Punkten P_1, P_2, P_3 gleich s^2 ist.

Lösung: $3(x^2 + y^2) - 2(x_1 + x_2 + x_3)x - 2(y_1 + y_2 + y_3)y = s^2 - (x_1^2 + x_2^2 + x_3^2 + y_1^2 + y_2^2 + y_3^2).$

Geometrische Deutung des Kreismittelpunktes: Schwerpunkt von $P_1P_2P_3$.

Kann die Aufgabe für n Punkte und dahin verallgemeinert werden, daß

$$k_1 \cdot P_1P^2 + k_2 \cdot P_2P^2 + k_3 \cdot P_3P^2 + \cdots + k_n \cdot P_nP^2 = s^2$$

ist?

141. Ein fester Punkt $P_1(x_1, y_1)$ werde mit allen Peripheriepunkten des Kreises vom Radius ϱ um den Nullpunkt verbunden und jede Verbindungsstrecke durch den Punkt Q im Verhältnis $k:1$ geteilt. Es ist der geometrische Ort von Q zu bestimmen.

Lösung: $$\left(x - \frac{x_1}{1+k}\right)^2 + \left(y - \frac{y_1}{1+k}\right)^2 = \left(\frac{\lambda\varrho}{1+k}\right)^2.$$

142. Ein um O mit ϱ beschriebener Kreis schneidet die Y-Achse in P_1. Auf der in P_1 gezogenen Tangente bewegt sich Punkt P'; von P' wird die zweite Tangente gezogen, welche K in P'' berührt. Es soll der Ort für den Höhenschnittpunkt P im Dreieck $P_1P'P''$ gefunden werden.

Lösung: $$x^2 + (y - \varrho)^2 = \varrho^2.$$

143. Von dem Punkt P_1 wird nach einem auf der Geraden l beweglichen Punkt P' der Strahl P_1P' gezogen und auf demselben der Punkt P so bestimmt, daß $P_1P \cdot P_1P' = a^2$ ist. Es ist der Ort von P zu finden. Der Abstand des Punktes P_1 von l ist b; P_1P und PP' sollen gleichgerichtet sein. l sei X-Achse, das Lot von P_1 auf l sei Y-Achse.

Lösung: $$x^2 + \left(y - \frac{2b^2 - a^2}{2b}\right)^2 = \frac{a^4}{4b^2}.$$

Was ergibt sich für

1) $a = 0$, 2) $b = 0$, 3) $b = a$?

Anmerkung: Nimmt man P_1 als Pol und das Lot $P_1P_2 \perp l$ als Polarachse eines Koordinatensystems, so ist die Ortsgleichung $r = \frac{a^2}{b}\cos\varphi$.

144. Im Abstand a von O auf der $+X$-Achse ist der Punkt P_1 gegeben, von welchem aus die in dem um O mit Halbmesser

ϱ beschriebenen Kreis bewegliche und veränderliche Sehne $P'P''$ stets unter einem rechten Winkel gesehen wird. Was ist der Ort des Poles P von $P'P''$?

Lösung: $(a^2 - \varrho^2)(x^2 + y^2) - 2a\varrho^2 x + 2\varrho^4 = 0$.

145. Den geometrischen Ort des Halbierungspunktes der Sehne $P'P''$ von Aufgabe 144 zu finden. Was ist der Fall: 1) wenn $a = 0$, 2) wenn $a = \varrho$ ist? Geometr. Betrachtung dieses Falles!

Lösung: $$\left(x - \frac{a}{2}\right)^2 + y^2 = \frac{2\varrho^2 - a^2}{4}.$$

146. Den Ort des Fußpunktes des von P_1 auf die Sehne $P'P''$ in Aufgabe 144 gefällten Lotes zu finden.

Lösung: Derselbe Ort wie in 145. (Geometrischer Nachweis!)

147. Durch den Endpunkt P_1 eines Durchmessers P_1P_2 eines Kreises vom Halbmesser ϱ ist die Sehne P_1P' gezogen; sie wird über P' hinaus um $P'P = k \cdot P_1P'$ verlängert. Was ist der Ort von P, wenn P' auf dem Kreise wandert?

Lösung: Nimmt man $\overrightarrow{P_1P_2}$ als $+$ X-Achse und P_1 als Nullpunkt, so erhält man $[x - (1 + k)\varrho]^2 + y^2 = (1 + k)^2\varrho^2$.

148. Zu beweisen, daß der Ort eines Punktes, der sich so bewegt, daß die Fußpunkte der Lote, die von ihm auf die drei Seiten eines Dreieckes gefällt werden, in gerader Linie liegen, der Umkreis desselben ist.

149. Es ist der geometrische Ort des Halbierungspunktes aller Sehnen von der Länge $2s$ eines Kreises vom Radius ϱ gesucht.

Lösung: Konzentrischer Kreis vom Radius $\sqrt{\varrho^2 - s^2}$.

150. Ein Punkt P bewege sich auf der Geraden mit der Polargleichung $r \cdot \cos(\vartheta - \vartheta_0) = p_0$, wo p_0, ϑ_0 die Polarkoordinaten des vom Pole O auf die Gerade gefällten Lotes sind. Es soll der Ort aller Punkte Q bestimmt werden, für die $OQ = 1 : OP$ ist.

Lösung: Kreis $p_0\varrho = \cos(\vartheta - \vartheta_0)$.

§ 13. Mehrere Kreise. Kreisbüschel.

151. Zwei Kreise k_ν $(\nu = 1, 2)$ sind durch ihre Mittelpunkte (x_ν, y_ν) und ihre Radien ϱ_ν gegeben.

Welche Bedingungen müssen stattfinden,

a) wenn k_1 und k_2 sich in zwei reellen und verschiedenen Punkten treffen,

b) wenn sie sich von außen,

c) wenn sie sich von innen berühren sollen,

d) wenn k_2 völlig außerhalb k_1,

e) wenn k_2 völlig innerhalb k_1 liegen soll, ohne daß sie einen Punkt gemeinschaftlich haben?

Was für Kreisbüschel liefern k_1 und k_2 in den verschiedenen Fällen?

152. Wann sind die beiden Kreise (w beliebig)

$$x^2 + 2xy \cdot \cos w + y^2 + 2a_1x + 2b_1y + c_1 = 0$$

und

$$x^2 + 2xy \cdot \cos w + y^2 + 2a_2x + 2b_2y + c_2 = 0$$

konzentrisch?

153. Welche Kreise des durch die beiden Kreise

$$k_1 : \quad x^2 + y^2 - 6x + 4y - 12 = 0$$
$$k_2 : \quad x^2 + y^2 - 10x - 16y + 40 = 0$$

bestimmten Büschels

$$\frac{k_1 + \lambda k_2}{1 + \lambda} = 0$$

gehen a) durch den Nullpunkt, b) durch den Punkt $(5, -2)$? c) Welcher Kreis hat seinen Mittelpunkt auf der Geraden $8x - 3y - 2 = 0$?

Lösung: a) $\lambda = \frac{10}{3}$: $13(x^2 + y^2) - 90x - 8y = 0$;
b) $\lambda = \frac{7}{17}$: $6(x^2 + y^2) - 43x - 11y + 19 = 0$;
c) $\lambda = -2$: $x^2 + y^2 - 14x - 36y + 92 = 0$.

154. Welche Kreise des durch die Kreise

$$k_1 : \quad x^2 + y^2 + 24x - 14 = 0$$
$$k_2 : \quad x^2 + y^2 - 24 \quad = 0$$

bestimmten Büschels haben den Radius 5?

Lösung: Zwei Kreise: $4x^2+4y^2+12x-91=0$ $(\lambda=7)$,
$9x^2+9y^2-12x-221=0$ $(\lambda=-19)$.

155. Gesucht ist der Kreis des Büschels
$$x^2+y^2-2ax+C=0,$$
der den Kreis $(x-x_0)^2+(y-y_0)^2=r^2$ rechtwinklig schneidet.

Lösung: $$a=\frac{x_0^2+y_0^2+C-r^2}{2x_0}.$$

156. Es soll nachgewiesen werden, daß die Kreise

1) $$x^2+y^2-400=0,$$

2) $$x^2+y^2-10x-24y+120=0$$

sich berühren; es soll sodann die Gleichung eines dritten Kreises gefunden werden, der die X-Achse und die beiden Kreise in ihrem Berührungspunkt berührt.

Lösung: Die Kreise berühren sich in dem Punkte $\left(\frac{100}{13}, \frac{240}{13}\right)$.

Zwei Kreise: $5(x^2+y^2)-40x-96y+80=0$ $\left(\lambda=\frac{1}{4}\right)$,
$x^2+y^2-200x-480y+10000=0$ $\left(\lambda=-\frac{19}{20}\right)$.

157. Gegeben ist die Gleichung eines Kreises $k=0$ und die einer ihn in P berührenden Geraden $l=0$; es soll die Gleichung irgend eines Kreises angegeben werden, der k in P berührt.

Lösung: $$k+\lambda l=0.$$

Was ist der Fall, wenn an Stelle von k ein Punkt (Nullkreis) tritt?

158. Den Ort der Mittelpunkte der Kreise zu finden, die von zwei gegebenen Punkten O und Q unter gegebenen Winkeln 2α und 2β gesehen werden.

Lösung: Nimmt man O als Ursprung und OQ (Länge a) als $+X$-Achse, so findet man den Kreis
$$(\sin^2\alpha-\sin^2\beta)(x^2+y^2)+2\sin^2\beta\, a x=a^2\sin^2\beta.$$

Beispiele:

$$\alpha=\frac{\pi}{2},\ \beta=\frac{\pi}{2}:\quad (x+a)^2+y^2=2a^2;$$

$$\alpha=\frac{\pi}{3},\ \beta=\frac{\pi}{2}:\quad (x+2a)^2+y^2=6a^2$$

159. Durch den einen Schnittpunkt S zweier Kreise werden alle Geraden gezogen und ihre zwischen beiden Kreisen liegenden Strecken P_1P_2 halbiert. Es soll der Ort aller dieser Halbierungspunkte bestimmt werden. (Fig. 7).

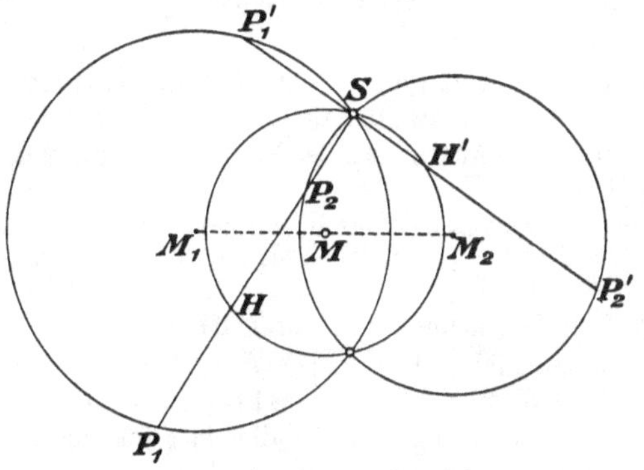

Fig. 7.

Lösung: Die Gleichungen beider Kreise können in Polarkoordinaten für S als Pol geschrieben werden: $r = 2\varrho_\nu \cdot \cos(\vartheta - \vartheta_\nu)$ $(\nu = 1, 2)$ geschrieben werden, wo ϱ_ν die Radien beider Kreise und ϑ_ν die Amplituden ihrer Mittelpunkte M_1, M_2 sind. Dann ist die Ortsgleichung: $r = \varrho_1 \cdot \cos(\vartheta - \vartheta_1) + \varrho_2 \cdot \cos(\vartheta - \vartheta_2)$ und stellt ebenfalls einen Kreis dar, der durch beide Schnittpunkte der gegebenen Kreise geht und dessen Mittelpunkt M der Halbierungspunkt der Zentrale ist.

§ 14. Potenzlinie. Potenzpunkt.

160. Gegeben sind zwei Kreise k_1 und k_2 durch ihre Gleichungen

1) $$x^2 + y^2 - 6x + 4y - 25 = 0,$$
2) $$x^2 + y^2 - 15x - 2y + 2 = 0.$$

a) Wie lautet die Gleichung ihrer Potenzlinie?

b) Welcher Punkt der X-Achse hat gleiche Potenz für beide Kreise und wie groß ist diese?

Lösungen: a) $3x + 2y = 9$, b) $(3, 0)$; -34.

161. Zu beweisen: Die Potenzlinie eines Kreises und eines Punktes P_0 (Nullkreises) halbiert die von P_0 an den Kreis gezogenen Tangenten.

162. Zieht man von einem Punkte P eines Kreises k_1 eine Tangente t an einen zweiten Kreis k_2, so ist ihr Quadrat proportional zu dem Abstande p des Punktes von der Potenzlinie beider Kreise.

Lösung: Man wählt den Mittelpunkt des ersten Kreises als Nullpunkt, die Zentrale beider Kreise als X-Achse; ihre Länge sei c. Dann erhält man $t^2 = 2c \cdot p$.

163. Den Potenzpunkt der drei Kreise

$$1)\ x^2 + y^2 - 36 = 0, \quad 2)\ x^2 + y^2 - 2x - 5y - 5 = 0,$$
$$3)\ x^2 + y^2 + 6x + 11y - 125 = 0$$

zu finden und die Länge der von diesem Punkt an die Kreise gezogenen Tangenten zu berechnen.

Lösung: $(13, 1)$; $\sqrt{134}$ = Radius des Orthogonalkreises der gegebenen Kreise.

164. Es soll ein Kreis gefunden werden, der den Kreis $x^2 + y^2 - 2x + 5y - 5 = 0$ rechtwinklig schneidet, durch den gegebenen Punkt $(6, 1)$ geht und dessen Mittelpunkt auf der Geraden $9x + 4y = 47$ liegt.

Lösung: Unter Benutzung der Bedingung für zwei sich rechtwinklig schneidende Kreise, daß das Quadrat der Zentrale gleich der Summe der Quadrate der Radien sein muß, findet man für den gesuchten Kreis die Mittelpunktskoordinaten $7, -4$ und den Radius $\sqrt{26}$.

165. Den Ort für den Mittelpunkt eines Kreises zu finden der die Peripherie zweier gegebener Kreise halbiert.

Lösung: Sind $m_\nu, n_\nu, \varrho_\nu (\nu = 1, 2)$ die Mittelpunktskoordinaten und die Radien der beiden Kreise, so ist die Ortsgleichung:

$$(x - m_1)^2 + (y - n_1)^2 + \varrho_1^2 = (x - m_2)^2 + (y - n_2)^2 + \varrho_2^2$$

oder

$2(m_2-m_1)x+2(n_2-n_1)y+m_1^2+n_1^2+\varrho_1^2-m_2^2-n_2^2-\varrho_2^2=0,$ also eine Parallele zur Potenzlinie der beiden gegebenen Kreise.

166. Zu beweisen, daß die Kreise, welche über den als Durchmesser genommenen Diagonalen eines vollständigen Vierseits beschrieben werden, dieselbe Potenzlinie $\mathfrak{p}$ haben.

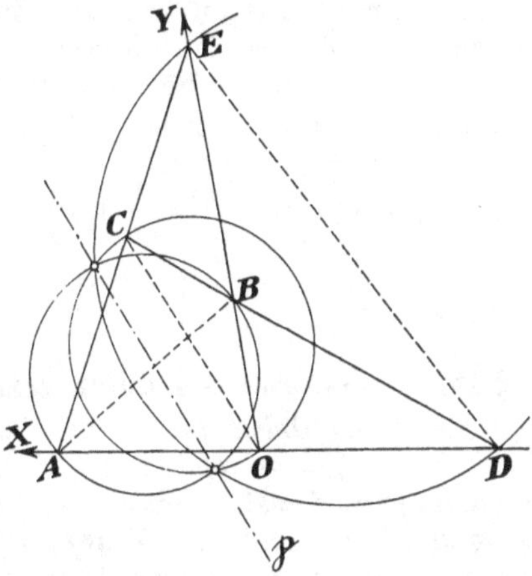

Fig. 8.

Lösung: Man wähle zwei der Seiten, z. B. OA und OB (Fig. 8) als Koordinatenachsen, für die die Ecken A, B, C die Koordinaten $(a,0)$, $(0,b)$, (c, d) haben mögen. Dann haben die beiden letzten Ecken D und E die Koordinaten $\left(\frac{bc}{b-d}, 0\right)$, $\left(0, \frac{ad}{a-c}\right)$, und es lassen sich die Gleichungen der Kreise über OC, AB und DE als Durchmesser leicht hinschreiben, wobei die Gleichung des Kreises in schiefwinkligen Koordinaten zu benutzen ist (Aufg. 99). Subtrahiert man die Gleichungen je zweier Kreise von einander, so kommt man zu derselben Differenz: $\{a-c+(b-d)\cos w\}\,x+\{b-d+(a-c)\cos w\}\,y=ab\cos w$, w. z. b. w.

167. Zu suchen ist der Ort für den Punkt P, der sich so bewegt, daß die Summe der Quadrate der von ihm an zwei gegebene Kreise k_1 und k_2 gezogenen Tangenten PP_1 und PP_2 gleich a^2 ist.

Lösung: Wählt man das Koordinatensystem und die Bezeichnung wie in Aufgabe 162, so erhält man als Ort den Kreis:

$$\left(x-\frac{c}{2}\right)^2+y^2-\frac{2(r_1^2+r_2^2)-c^2}{4}=\frac{a^2}{2}.$$

Bemerkung: Einer oder auch beide Kreise können auch auf Punkte zusammenschrumpfen. Die Aufgabe läßt sich auf mehr als zwei Kreise ausdehnen, die beliebig zueinander liegen können.

168. Welcher Ort ergibt sich, wenn in Nr. 167 statt der Summe a) die Differenz der beiden Quadrate genommen wird, b) welcher Ort, wenn $m_1 PP'^2 + m_2 PP''^2 = a^2$ sein soll?

Lösung: a) $2cx = a^2 + c^2 + r_1^2 - r_2^2$, d. i. eine Parallele zur Potenzlinie $2cx = c^2 + r_1^2 - r_2^2$,

b) $$(m_1 + m_2)\left\{\left(x - \frac{c\,m_2}{m_1 + m_2}\right)^2 + y^2\right\} = a^2 + m_1 r_1^2 + m_2 r_2^2 - \frac{c^2 m_1 m_2}{m_1 + m_2}.$$

§ 15. Transformation durch reziproke Radien.

Definition. Ordnet man jedem Punkte $P(x, y)$ einen Punkt $P'(x', y')$ so zu, daß beide Punkte stets in gerader Linie mit einem festen Punkte O liegen und $OP \,.\, OP'$ konstant $= q^2$ ist, so spricht man von einer Transformation durch reziproke Radien oder von einer Inversion der Punkte der Ebene an dem Kreise i vom Radius q um den Punkt O. Für $OP = r$, $OP' = r'$ gilt daher $rr' = q^2$. O heißt das Inversionszentrum, der Kreis i um O mit dem Radius q der Inversionskreis; inverse Punkte P, P' sind konjugiert harmonische Punkte in bezug auf die Endpunkte ihres Durchmessers in dem Inversionskreise.

Aus der Definition der $OP \,.\, OP' = q^2$ folgt sofort, daß zwei Dreiecke mit der gemeinsamen Ecke O, deren andere Ecken je zwei Punktepaare sind, einander ähnlich sind:

$$OPP' \sim OP_1P'.$$

169. Es ist zu zeigen, daß jede Inversion einen Kreis k, der nicht durch O geht, in einen nicht durch O gehenden Kreis k' transformiert; einen durch O gehenden Kreis k_1 jedoch in eine nicht durch O gehende gerade Linie, nämlich die Potenzlinie k_1' von k_1 und i, und umgekehrt. Jede durch

das Inversionszentrum gehende Gerade aber wird in sich selbst übergeführt. (Fig. 9).

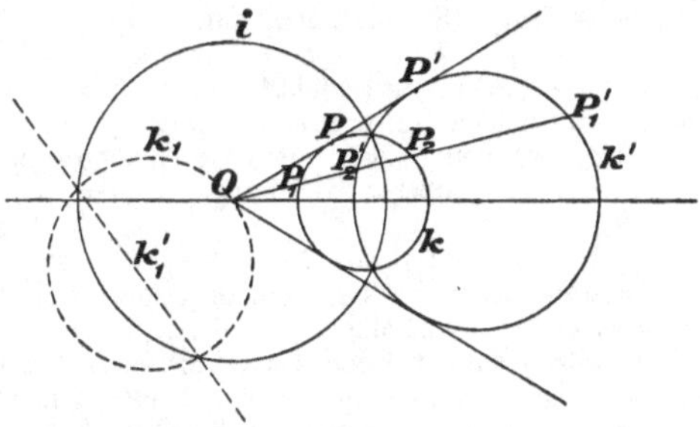

Fig. 9.

Lösung: Man wähle O als Koordinatenanfangspunkt eines rechtwinkligen Systems und gehe aus von der Gleichung

$$a_{11}(x^2 + y^2) + 2a_{13}x + 2a_{23}y + a_{33} = 0,$$

die für $a_{11} \neq 0$ einen Kreis darstellt, der durch 0 geht oder nicht, je nachdem $a_{33} = 0$ oder $\neq 0$ ist, und für $a_{11} = 0$ eine Gerade. Führt man statt x, y Polarkoordinaten ϱ, ϑ ein, und setzt man dann $r = \frac{c^2}{r'}$, so erhält man

$$a_{11}q^4 + 2r'q^2(a_{13}\cos\vartheta + a_{23}\sin\vartheta) + a_{33}r'^2 = 0$$

oder $$a_{33}(x'^2 + y'^2) + 2q^2(a_{13}x' + a_{23}y') + a_{11}q^4 = 0,$$

d. i. ein Kreis für $a_{33} \neq 0$ und eine Gerade für $a_{33} = 0$, deren Gleichung mit derjenigen der Polaren des ursprünglichen und des Inversionskreises identisch ist. Für $a_{11} = 0$, $a_{33} = 0$ ergibt sich sofort die letzte Behauptung.

170. Zwei Kreise schneiden sich in jedem gemeinsamen Punkte unter demselben Winkel φ, wie ihre inversen Kurven im entsprechenden inversen Punkte.

Beweis: Man berechne $\operatorname{tg}\varphi$ für die Tangentenwinkel in den Schnittpunkten des Kreises in Nr. 169 mit dem Kreise

$$b_{11}(x^2 + y^2) + 2b_{13}x + 2b_{23}y + b_{33} = 0,$$

dann $\operatorname{tg}\varphi'$ für die inversen Kreise und findet $\varphi' = \varphi$.

171. Durch eine Inversion gehen nur alle Orthogonalkreise zum Inversionskreise, dieser selbst und die Geraden durch das Inversionszentrum in sich selbst über.

Beweis: Aus Aufgabe 169 folgt, daß dann

$$a_{33} = \lambda a_{11}, \quad a_{13} q^2 = \lambda a_{13}, \quad a_{23} q^2 = \lambda a_{23}, \quad a_{11} q^4 = \lambda a_{33}$$

sein muß, wo λ einen Proportionalitätsfaktor bezeichnet. Ist wenigstens eine der beiden Konstanten a_{13} oder a_{23} von Null verschieden, so folgt aus den beiden mittleren Gleichungen $\lambda = q^2$, folglich aus den beiden äußeren Gleichungen $a_{11} q^2 = a_{33}$, und es stellt die Gleichung

$$a_{11}(x^2 + y^2) + 2a_{13}x + 2a_{23}y + a_{11}q^2 = 0$$

die zweiparametrige Schar der Orthogonalkreise zum Inversionskreise $x^2 + y^2 = c^2$ dar, wenn nicht $a_{11} = 0$ ist; im letzteren Falle aber die Schar aller Geraden durch das Inversionszentrum.

Ist aber $a_{13} = a_{23} = 0$, so folgt aus den beiden äußeren Gleichungen $a_{33} = \pm a_{11} q^2$, also wegen $a_{11} \neq 0$: $x^2 + y^2 = \pm q^2$; der reelle dieser beiden Kreise ist der Inversionskreis.

172. Es sollen die Transformationsformeln der Inversion für rechtwinklige Koordinaten aufgestellt werden, wenn das Inversionszentrum der Nullpunkt ist.

Lösung: Sind x, y die Koordinaten eines Punktes P und x', y' die seines inversen Punktes, so folgt aus $rr' = q^2$ und $\vartheta = \vartheta'$ leicht:

$$x = \frac{q^2 x'}{x'^2 + y'^2}, \quad y = \frac{q^2 y'}{x'^2 + y'^2}; \quad x' = \frac{q^2 x}{x^2 + y^2}, \quad y' = \frac{q^2 y}{x^2 + y^2}.$$

Mit Ausnahme des Inversionszentrums erhält man also zu jedem Punkte nur einen inversen Punkt, dagegen entspricht dem unendlich fernen Punkte jeder beliebigen Richtung das Inversionszentrum.

173. Die Polare eines beliebigen Punktes in bezug auf den Inversionskreis geht durch den zu ihm inversen Punkt.

Der *Beweis* ergibt sich unmittelbar aus der Definition der Inversion.

174. Die Gerade g, welche die Inverse eines durch das Inversionszentrum gehenden Kreises k darstellt, ist die Potenzlinie von k und dem Inversionskreise.

Beweis: Die Differenz von (k): $x^2 + y^2 + \frac{2a_{13}}{a_{11}} x + \frac{2a_{13}}{a_{11}} y = 0$ und $x^2 + y^2 - q^2 = 0$ liefert $2a_{13}x + 2a_{23}y + a_{11}q^2 = 0$ (vgl. Nr. 169).

175. Ein Kreisbüschel geht durch Inversion wieder in ein Kreisbüschel über.

Der Beweis ergibt sich in gleicher Weise, wie in Aufg. 169, wenn man von der Gleichung des Kreisbüschels

$$(a_{11} + \lambda b_{11})(x^2 + y^2) + 2(a_{13} + \lambda b_{13})x + 2(a_{23} + \lambda b_{23})y + a_{33} + \lambda b_{33} = 0$$

ausgeht. Man erkennt leicht, daß die Paare gemeinsamer Schnittpunkte der Kreise beider Büschel invers sind.

176. Alle Kreisbüschel gehen durch Inversion in sich selbst über, wenn ihre Grundkreise den Inversionskreis orthogonal schneiden oder zu ihm konzentrisch sind.

Beweis: Als Inversionskreis möge der Einheitskreis um den Nullpunkt genommen werden. Dann geht das Kreisbüschel $k_1 + \lambda k_2 = 0$ in sich über, wenn k_1 und k_2 je in einen beliebigen Kreis des Büschels übergehen. Es muß also sein:

$$\begin{aligned} a_{11} &= \varkappa(a_{33} + \lambda_1 b_{33}) \\ a_{13} &= \varkappa(a_{13} + \lambda_1 b_{13}) \\ a_{23} &= \varkappa(a_{23} + \lambda_1 b_{23}) \\ a_{33} &= \varkappa(a_{11} + \lambda_1 b_{11}) \end{aligned} \quad \text{und} \quad \begin{aligned} b_{11} &= \mu(a_{33} + \lambda_2 b_{33}) \\ b_{13} &= \mu(a_{13} + \lambda_2 b_{13}) \\ b_{23} &= \mu(a_{23} + \lambda_2 b_{23}) \\ b_{33} &= \mu(a_{11} + \lambda_2 b_{11}) \end{aligned}$$

($\varkappa$ und μ = Proportionalitätsfaktoren.)

Daraus folgt für

I. $a_{13} \neq 0$, $a_{23} \neq 0$, $b_{13} \neq 0$, $b_{23} \neq 0$, wenn $a_{11} = a_{33}$, $b_{11} = b_{33}$ ist, daß die beiden Grundkreise den Inversionskreis senkrecht schneiden; wenn aber $a_{11} \neq a_{33}$, $b_{11} \neq b_{33}$ ist, muß $\frac{a_{11}}{b_{11}} = \frac{a_{13}}{b_{13}} = \frac{a_{23}}{b_{23}} = \frac{a_{33}}{b_{33}}$ sein, d. h. die beiden Grundkreise fallen zusammen und bestimmen also nicht ein Kreisbüschel.

Die Annahme $a_{11} \neq a_{33}$, $b_{11} = b_{33}$ kann durch andere Wahl der Grundkreise hierauf zurückgeführt werden.

II. $a_{13} = 0$, $a_{23} \neq 0$: $b_{13} = 0$, $b_{23} \neq 0$; dieser Fall kann durch Drehung des Koordinatensystems auf I. zurückgeführt werden.

III. $a_{13} = a_{23} = 0$: $b_{13} = b_{23} = 0$. Es gibt stets Lösungen.

177. Zwei konjugierte Kreisbüschel gehen einzeln in sich über, wenn man eine Inversion an einem beliebigen Kreise eines der beiden Büschel ausführt.

Beweis: Die beiden konjugierten Büschel seien in der Form gegeben:

$$(x - a)^2 + y^2 = a^2 \pm c^2$$
$$x^2 + (y - b)^2 = b^2 \mp c^2.$$

Als Inversionskreis werde der Kreis des ersten Büschels mit dem Parameter a_1 gewählt. Durch die Koordinatentransformation $x - a_1 = \xi$, $y = \eta$ geht er über in den Kreis um den Nullpunkt mit dem Radius $\sqrt{a_1^2 \pm c^2}$. Die Kreise des ersten und zweiten Büschels schreiben sich dann in der Form:

1) $$(\xi + a_1 - a_2)^2 + \eta^2 = a_2^2 \pm c^2$$

2) $$(\xi + a_1)^2 + (\eta - b)^2 = b^2 \mp c^2.$$

Durch Inversion wird aus den beiden Büscheln:

1′) $$(a_1^2 \pm c^2)^2 + 2(a_1 - a)(a_1^2 \pm c^2)\xi = [a^2 \pm c^2 - (a_1 - a)^2](\xi'^2 + \eta'^2)$$

und

2′) $$(\xi' + a_1)^2 + (\eta' - b)^2 = b^2 \mp c^2,$$

wo (ξ', η') der zu (ξ, η) inverse Punkt ist.

Die Grundpunkte, bzw. Grenzpunkte des Büschels 1′) sind aber dieselben, wie die des Büschels 1), folglich geht das Büschel 1) in sich selbst über. Dasselbe gilt für das Büschel 2), wie die Gleichungen 2) und 2′) direkt zeigen.

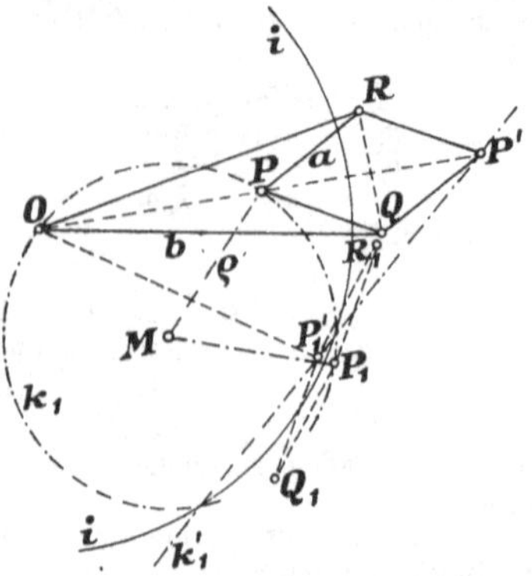

Fig. 10.

178. Inversor von Peaucellier. Ein Rhombus $PQP'R$ von gegebener Seite a, aber mit veränderlichen Winkeln kann so bewegt werden, daß seine Ecken Q und R auf einem Kreise um O mit dem Radius b $(> a)$ gleiten. Wenn nun die Ecke P einen Kreis vom Radius ϱ um M als Mittelpunkt durchläuft, so ist die Bahn der vierten Ecke P' zu ermitteln (Fig. 10).

Lösung: Setzt man $OP = r$, $OP' = r'$, $QR = 2p$, so ist $r = \sqrt{b^2 - p^2} - \sqrt{a^2 - p^2}$ und $r' = \sqrt{b^2 - p^2} + \sqrt{a^2 - p^2}$, folglich $rr' = b^2 - a^2 = q^2$.

Der kleinste Kreis, den der Punkt P um O beschreiben kann, ist der vom Radius $b - a$, als größten Kreis genügt es den vom Radius $\sqrt{b^2 - a^2}$ zu nehmen. Dann sind der kleinste und größte

Kreis, die P' beschreiben kann, die von den Radien $\sqrt{b^2 - a^2}$ und $b + a$. Da sich P und P' sowohl auf Kreisen um O, als auf den Radien dieser Kreise bewegen können, so kann P jede in dem Kreisringe von den Radien $b - a$ und $\sqrt{b^2 - a^2}$ gelegene Figur beschreiben, während P' die zu ihr inverse Figur zeichnet.

Beschreibt im besonderen P einen Kreis k_1 vom Radius ϱ der durch O geht, so bewegt sich P' auf der Geraden k_1', der Potenzlinie von k_1 und i. In der Figur ist für diesen Fall die Lage und Gestalt des Rhombus noch für eine zweite Lage $P_1Q_1P_1R_1$ gezeichnet.

Dasselbe wie der Apparat von Peaucellier leistet der Inversor von Hart:

179. Vier paarweise gleichlange Stäbe AB, CD und AD, BC sind in ihren Endpunkten so durch Gelenke miteinander verbunden, daß sie in jeder Lage ein Antiparallelogramm bilden. Ist der Apparat um den beliebigen Punkt O auf AD drehbar, so beschreiben die Punkte P und P', in denen eine durch O zu $AC \| BD$ gelegte Parallele AB und CD schneidet, zueinander inverse Figuren (Fig. 11).

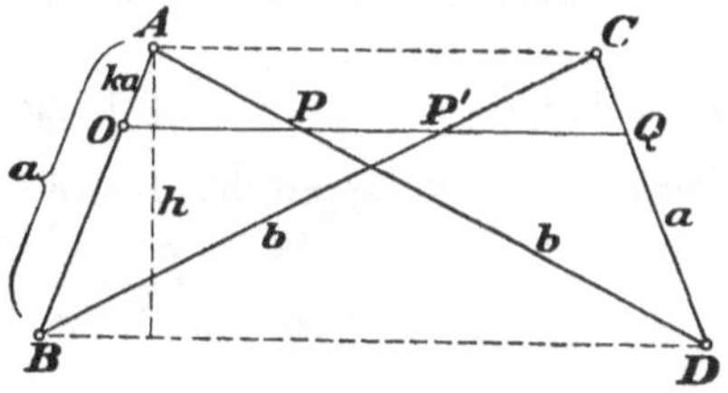

Fig. 11.

Es sei $AB = CD = a$, $BC = AD = b$, $OP = r$, $OP' = r'$, $AO = k \cdot a$ und h die Länge des senkrechten Abstandes der beiden Parallelen AC und BD voneinander. Dann ist $AC = \sqrt{b^2 - h^2} - \sqrt{a^2 - h^2}$, $BD = \sqrt{b^2 - h^2} - \sqrt{a^2 - h^2}$, folglich $AC \cdot BD = b^2 - a^2$. Durch O zieht man noch die Parallele OQ zu $AC \| BD$ und setzt $OP = r$, $PQ = r'$, dann leitet man aus den ähnlichen Dreiecken der Figur leicht $OP' = PQ = r'$ und $r : BD = k : 1$, $r' : AC = 1 - k : 1$ her, mithin $rr' = k(1 - k)(b^2 - a^2)$. Der Punkt P kann sich dann, indem $ABCD$ alle möglichen Gestalten annimmt, frei innerhalb des Kreisringes um O mit den Radien $AP \mp AO = (b \mp a)k$ bewegen. P' beschreibt dabei die inverse Figur, wobei $q^2 = \varkappa(1 - \varkappa)(b^2 - a^2)$ ist.

V. Abschnitt.

Ellipse, Hyperbel und Parabel.

§ 16. Gleichungen. Mittelpunkte und Durchmesser. Tangenten, Asymptoten und Polaren.

Bezeichnen a, b die Längen der Halbachsen von Ellipse und Hyperbel, e den halben Brennpunktsabstand (lineare Exzentrizität), $\lambda = \frac{e}{a}$ die numerische Exzentrizität, so ist, $a > b$ vorausgesetzt, für die Ellipse $e = \sqrt{a^2 - b^2}$ und für die Hyperbel $e = \sqrt{a^2 + b^2}$. Die auf die Kurvenachsen als Koordinatenachsen bezogenen Gleichungen lauten dann $\frac{x^2}{a^2} + \frac{y^2}{b^2} = 1$ für die Ellipse und $\frac{x^2}{a^2} - \frac{y^2}{b^2} = \pm 1$ für die beiden zueinander konjugierten Hyperbeln. Die Gleichungen

$$\frac{x^2}{(ka)^2} + \frac{y^2}{(kb)^2} = 1$$

und

$$\frac{x^2}{(ka)^2} - \frac{y^2}{(kb)^2} = \pm 1$$

stellen zu den ersten ähnliche und ähnlich gelegene Ellipsen und Hyperbeln dar [A, §§ 34, 35]; ihre Hauptachsen liegen in denselben Geraden und haben dasselbe Längenverhältnis $a : b$.

180. Man stelle die Achsengleichungen einer Ellipse auf, wenn
1. $a = 10$, $e = 6$; 2. $b = 24$, $e = 7$; 3. $a = 2.2$, $\lambda = 0.85$, berechne und konstruiere die Krümmungsradien r_A, r_B in den Scheitelpunkten und zeichne mit ihrer Benutzung die Ellipsen.

Lösung: 1) $b = 8$, $r_A = \frac{b^2}{a} = 6.4$, $r_B = \frac{a^2}{b} = 12.5$;

2) $a = 25$, $r_A = 23.04$, $r_B = 26\frac{1}{24}$;

3) $e = 1.87$, $b = \sqrt{1.3431} = 1.16$, $r_A = 0.61$, $r_B = 4.17$.

181. Von einer Ellipse, deren Achsen auf den Koordinatenachsen liegen, sind zwei Punkte (10, 5), (6,13) gegeben; es sollen die Halbachsen berechnet werden.

Lösung: $a = \frac{10}{3}\sqrt{10}$, $b = 5\sqrt{10}$. (Nb. Hier ist $e = \sqrt{b^2 - a^2}$, die Brennpunkte liegen auf der Y-Achse.)

182. Die Achsen einer Ellipse sind parallel zu den Koordinatenachsen, die Mittelpunktskoordinaten sind x_0 und y_0, die Halbachsen a und b. Wie lautet die Gleichung der Kurve? Wie lautet sie:

a) wenn die Ellipse im ersten Feld liegt und beide Koordinatenachsen berührt,

b) wenn die Ellipse die Y-Achse in O berührt und der Mittelpunkt auf der $+X$-Achse liegt (Scheitelgleichung),

c) wenn die Ellipse die X-Achse berührt und der Mittelpunkt auf der $-Y$-Achse liegt,

d) wenn die Ellipse die Y-Achse berührt und die X-Achse in den Punkten mit den Abszissen 3 und 7 schneidet?

Lösungen: $$\frac{(x - x_0)^2}{a^2} + \frac{(y - y_0)^2}{b^2} = 1.$$

a) $x_0 = a, y_0 = b$; b) $x_0 = a, y_0 = 0$; c) $x_0 = 0, y_0 = -b$;
d) $x_0 = 5$, $y_0 = 3$, $a = 5$, $b = 5\sqrt{\frac{3}{7}}$.

183. Untersuche, wie die Punkte (3, 7), (6, − 2), (− 11, 1) zu der Ellipse

$$\frac{x^2}{12^2} + \frac{y^2}{5^2} = 1$$

liegen?

184. In die Ellipse $\frac{x^2}{a^2} + \frac{y^2}{b^3} = 1$ ein Rechteck einzubeschreiben, dessen Seiten sich wie $\lambda : 1$ verhalten ($a > b$, $\lambda > 1$) und den Koordinatenachsen parallel sind.

Lösung: $x = \frac{ab\lambda}{\sqrt{\lambda^2 b^2 + a^2}}$, $y = \frac{ab}{\sqrt{\lambda^2 b^2 + a^2}}$.

185. In die Ellipse der vorigen Aufgabe ein Rechteck so zu zeichnen, daß zwei Gegenecken in die Brennpunkte fallen. Was sind die Koordinaten der im ersten Feld liegenden Ecke? Was ist der Fall, wenn $b = e$ ist?

Lösung: $x = \frac{a}{e}\sqrt{e^2 - b^2}$, $y = \frac{b^2}{e}$.

Das Rechteck ist nur möglich, wenn $e \geqq b$.

186. Um den Punkt $P_1(x_1, 0)$ der X-Achse soll, wenn $0 \gtreqless x_1 < a$ ist, ein Kreis beschrieben werden, der die Ellipse $b^2x^2 + a^2y^2 = a^2b^2$ von innen berührt. Wie groß ist der Radius r des Kreises und wann ist ein solcher Kreis nicht mehr möglich?

Lösung: Kombiniert man mit der Ellipsengleichung die Kreisgleichung $(x - x_1)^2 + y^2 = \varrho^2$, so erhält man $\varrho^2 = \frac{b^2}{e^2}(e^2 - x_1^2)$ und als Berührungspunkt beider Kurven $\frac{a^2}{e^2}x_1 \pm \frac{b}{e^2}\sqrt{e^4 - a^2x_1^2}$. Für $x_1 < \frac{e^2}{a}$ berührt jeder dieser Kreise die Ellipse in zwei symmetrisch zur X-Achse gelegenen Punkten, für $x_1 = \frac{e^2}{a}$ nur in einem Punkte, dem Scheitel der großen Achse, und der Kreis ist dann der zugehörige Krümmungskreis. Für $x_1 > \frac{e^2}{a}$ berührt der Kreis mit dem Radius $a - x_1$ nur im Scheitel der großen Achse, schmiegt sich aber daher der Ellipse weniger stark an als der Krümmungskreis.

187. Welche Kurven sind durch die Parametergleichungen

1. $x = x_0 + a\cos t$, $y = y_0 + b\sin t$;

2. $x = \frac{a(1 - t^2)}{1 + t^2}$, $y = \frac{2bt}{1 + t^2}$

gegeben?

Lösungen: a) $\left(\frac{x-x_0}{a}\right)^2 + \left(\frac{y-y_0}{b}\right)^2 = 1,$

b) $\frac{x^2}{a^2} + \frac{y^2}{b^2} = 1.$

188. Von einer Hyperbel ist gegeben

1. $a = 3,\ e = 5,$ 2. $b = 8,\ e = 17.$

Wie lautet die Gleichung der Hyperbel, wenn die reelle Achse a) auf der X-Achse, b) auf der Y-Achse liegt? Berechne den Krümmungsradius im Scheitel der reellen Achse.

Lösungen: 1) $b = 4,\ \frac{x^2}{9} - \frac{y^2}{16} = \pm 1,\ r_A = 5^1/_3;$

2) $a = 15,\ -\frac{x^2}{225} + \frac{y^2}{64} = \mp 1,\ r_B = 28^1/_8,$

wo das obere Zeichen in der Hyperbelgleichung für den Fall a), das untere für b) gilt.

189. Von einer Hyperbel, deren reelle Achse auf der X-Achse und deren Mittelpunkt in O liegt, sind zwei Punkte durch ihre Koordinaten $(4\frac{1}{2}, -1), (6, 8)$ gegeben. Es sollen die Halbachsen gefunden werden.

Lösung: $a = 2\sqrt{5},\ b = 4\sqrt{5}.$

190. Die Koordinaten des Mittelpunktes einer Hyperbel sind x_0 und y_0. Die reelle Achse hat die Größe $2a$, die imaginäre die Größe $2b$. Wie lautet die Gleichung der Kurve, wenn die reelle Achse a) parallel der X-Achse, b) parallel der Y-Achse ist?

Lösung: a) $\frac{(x-x_0)^2}{a^2} - \frac{(y-y_0)^2}{b^2} = 1;$

b) $\frac{(y-y_0)^2}{b^2} - \frac{(x-x_0)^2}{a^2} = 1.$

191. Eine Hyperbel, deren Mittelpunkt M auf der negativen X-Achse im Abstand 15 von O liegt, deren imaginäre Achse parallel zur Y-Achse, und für welche O ein Brennpunkt ist, schneidet die Y-Achse in Punkten mit den Ordinaten ± 16. Welche Gleichung besitzt die Kurve?

Lösung: $$\frac{(x+15)^2}{9^2} - \frac{y^2}{12^2} = 1.$$

192. Durch den gegebenenPunkt (x_1, y_1) eine Hyperbel zu legen, deren Halbachsen a und b sich wie $1:k$ verhalten, deren reelle Achse auf die X-Achse und deren Mittelpunkt nach O fällt.

Wie heißt die Bedingung dafür, daß die Hyperbel reell oder imaginär ist, oder daß sie in ein Geradenpaar ausartet, und wie lautet dessen Gleichung?

Lösung: $$a = \frac{\sqrt{k^2x_1^2 - y_1^2}}{k}, \qquad b = ka = \sqrt{k^2x_1^2 - y_1^2}.$$
$$a \gtrless 0, \quad a = 0.$$

193. Gegeben ist die Hyperbel $b^2x^2 - a^2y^2 = a^2b^2$. Es soll durch den Punkt (x_1, y_1) eine zu der gegebenen ähnliche und ähnlich liegende gelegt werden.

Lösung: $$b^2x^2 - a^2y^2 = b^2x_1^2 - ay_1^2.$$

194. Gegeben ist der Kreis $x^2 + y^2 = a^2$ und die gleichseitige Hyperbel $x^2 - y^2 = a^2$. An den Kreis wird in einem beliebigen Punkt R die Tangente gezogen, welche die X-Achse in Q schneidet. Es soll gezeigt werden, daß die Tangente RQ gleich der zu Q gehörigen Ordinate der Hyperbel ist.

Lösung: Die Lösung folgt mit Benutzung der Parametergleichungen der gleichseitigen Hyperbel $x = \frac{a}{\cos t}$, $y = a \cdot \operatorname{tg} t$ [A, § 35].

195. Die Endpunkte aller auf der Zentrale eines Kreisbüschels senkrechten Durchmesser liegen auf einer gleichseitigen Hyperbel, deren reelle Achse zusammenfällt mit der Zentrale des Büschels oder auf ihr senkrecht steht, je nachdem das Büschel ein solches 3. oder 1. Art ist. Für ein Büschel 2. Art entartet die gleichseitige Hyperbel in die beiden Quadrantenhalbierenden.

Für den *Beweis* geht man von der Gleichung $(x - a)^2 + y^2 = a^2 \pm c^2$ aus [A, § 55] und erhält für den gesuchten Ort, da $\xi = a$, $\eta = \sqrt{a^2 \pm c^2}$ die Koordinaten der betrachteten Durchmesser endpunkte sind, $\xi^2 - \eta^2 = \mp c^2$, wo überall das obere Vorzeichen für ein Kreisbüschel 1., das untere für ein solches 3. Art gilt.

196. Verbindet man drei beliebige Punkte $P_\nu(x_\nu, y_\nu)$ einer gleichseitigen Hyperbel durch Gerade miteinander, so liegt auch der Höhenschnittpunkt des Dreiecks $P_1P_2P_3$ auf dieser Hyperbel.

Lösung: Das Koordinatensystem werde, wie in Aufg. 48 gewählt, so daß $x_2 = -x_1$, $y_1 = y_2 = 0$ ist. Dann hat der Höhenschnittpunkt die Koordinaten $x_3, -\frac{x_3^2 - x_1^2}{y_3}$. Die Gleichung der gleichseitigen Hyperbel muß dann lauten: $a_{11}(x^2 - y^2) + 2a_{23}y + a_{33} = 0$. Für $x_1, 0$ folgt also: $x_1^2 = -\frac{a_{33}}{a_{11}}$; ferner muß $a_{11}(x_3^2 - y_3^2) + 2a_{23}y_3 + a_{33} = 0$ sein. Setzt man andererseits in die Hyperbelgleichung

$$x = x_3, y = \frac{x_1^2 - x_3^2}{y_3} = -\frac{a_{11}x_3^2 + a_{33}}{a_{11}y_3} = -\frac{a_{11}y_3 - 2a_{23}}{a_{11}}$$

ein, so erkennt man leicht, daß auch diese Werte die Hyperbelgleichung befriedigen.

Die Gleichung der Parabel mit dem Parameter $2p$, deren Scheitel im Nullpunkte O liegt und deren Achse auf der X-Achse liegt, ist $y^2 = 2px$. Je nachdem $2p >$ oder < 0 ist, fällt die Parabelachse mit der $+X$- oder $-X$-Achse zusammen. Der Brennpunkt hat die Koordinaten $\frac{p}{2}, 0$.

197. Wie lautet die Gleichung einer Parabel, deren Scheitel die Koordinaten a, b, deren Parameter die Länge $2p$ und deren Achse die Richtung der 1) $+X$-, 2) $-X$-, 3) $+Y$-, 4) $-Y$-Achse hat?

Lösungen: 1) und 2) $(y-b)^2 = \pm 2p(x-a)$,
3) und 4) $(x-a)^2 = \pm 2p(y-b)$.

198. Von einer Parabel, deren Scheitel in O und deren Achse auf der $+X$-Achse liegt, ist ein Punkt (x_1, y_1) gegeben. Es soll ihre Gleichung gefunden werden.

Lösung: $$y^2 = \frac{y_1^2}{x_1}x.$$

199. Es soll die Parabel bestimmt werden, die durch drei Punkte $P_\nu(\nu = 1, 2, 3)$ hindurchgeht und deren Achse einer der Koordinatenachsen parallel ist.

Zahlenbeispiele:

	P_1	P_2	P_3	Achse parallel
a)	$(0, 0)$	$(-3, 2)$	$(5, -2)$	X-Achse,
b)	$(-5, 3)$	$(1, 9)$	$(19, -9)$	X-Achse,
c)	$(-12, 2)$	$(-18, 8)$	$(0, 98)$	Y-Achse.

Lösung:
a) $(y-4)^2 = 4(x+4)$,
b) $(y-3)^2 = 6(x+5)$,
c) $(x+14)^2 = 2y$.

200. Gegeben sind zwei Punkte P_1 und P_2 mit den Koordinaten $(-10{,}42)$, $(5, -3)$. Die Strecke P_1P_2 wird durch Q im Verhältnis $\lambda : 1$ geteilt. Es soll λ so bestimmt werden, daß Q auf der Parabel $y^2 = 18x$ liegt.

Lösung: $\lambda = 4$ oder -6.

201. Bestimme die Koordinaten der Schnittpunkte der Geraden $y = \mu x + n$ mit der Ellipse, bzw. Hyperbel $\frac{x^2}{a^2} \pm \frac{y^2}{b^2} = 1$. Wie muß n gewählt werden, damit die Gerade die Kurve schneidet, berührt oder nicht trifft? Leite dann die Gleichung der Tangente und aus ihr die der Normale im Punkte x_1, y_1 der Kurve ab.

Zahlenbeispiele:

$$\text{a)}\ \frac{x^2}{16} + \frac{y^2}{9} = 1,\quad y = x + n,$$

$$\text{b)}\ \frac{x^2}{18^2} - \frac{y^2}{24^2} = 1,\quad 5x - 3y + n = 0.$$

Lösung:
$|n| \lesseqgtr \sqrt{a^2\mu^2 + b^2}$ für die Ellipse,
$|n| \lesseqgtr \sqrt{a^2\mu^2 - b^2}$ „ „ Hyperbel;

für $\mu = \pm \frac{b}{a}$ fällt von den beiden reellen Schnittpunkten der eine ins Unendliche, wenn $|n| > 0$ ist, beide aber für $n = 0$ (Asymptote).

Soll die Gerade durch P_1 gehen, so muß $n = y_1 - \mu x_1$ sein, und soll sie zugleich Tangente sein, so folgt weiter $(y_1 - \mu x_1)^2 = a^2\mu^2 \pm b^2$. Setzt man den hieraus folgenden Wert von μ in die Gleichung $y = \mu x + n$ ein, so erhält man als Tangentengleichung

$$\frac{x_1 x}{a^2} \pm \frac{y_1 y}{b^2} = 1$$

und als Normalengleichung:

$$y - y_1 = \pm \frac{a^2}{b^2} \frac{y_1}{x_1} (x - x_1).$$

Zahlenbeispiele:

a) $|n| \lesseqgtr 5;$

b) $|n| \lesseqgtr 18.$

202. Bestimme die Schnittpunkte des Durchmessers $y = \mu x$ mit der Hyperbel $b^2x^2 - a^2y^2 = a^2b^2$. Wann sind sie reell und verschieden, reell und zusammenfallend, imaginär?

Lösung: $|\mu| \lesseqgtr \frac{b}{a}.$

Für $\mu = \pm \frac{b}{a}$ wird $x = \infty$ und $y = \infty$, d. h. der Durchmesser wird zur Asymptote.

Je nachdem $\mu \gtrless \frac{b}{a}$, heißt der Durchmesser imaginär oder reell.

Zahlenbeispiel (b) der vorigen Aufgabe.

203. Gib die Gleichungen der Asymptoten für die Hyperbeln

$$\frac{(x - a_1)^2}{a^2} - \frac{(y - b_1)^2}{b^2} = 1$$

und

$$\frac{(y - b_1)^2}{a^2} - \frac{(x - a_1)^2}{b^2} = 1$$

an. Wie lauten die Gleichungen der von dem beliebig gelegenen Punkte (x_1, y_1) an diese Kurven gezogenen Tangenten?

Lösung: $y - b_1 = \pm \frac{b}{a} (x - a_1).$

$$\left(\frac{x_1 x}{a^2} \pm \frac{y_1 y}{b^2} - 1\right)^2 - \left(\frac{x_1^2}{a^2} \pm \frac{y_1^2}{b^2} - 1\right)\left(\frac{x^2}{a^2} \pm \frac{y^2}{b^2} - 1\right) = 0.$$

(Vgl. Aufg. 89.)

204. Für welche Punkte P_1 stehen die beiden Tangenten der vorigen Aufgabe aufeinander senkrecht?

Lösung: Die Geraden $A_\nu x + B_\nu y + C_\nu = 0$ $(\nu = 1, 2)$ stehen aufeinander senkrecht, wenn $A_1 A_2 + B_1 B_2 = 0$ ist. Vergleicht man das Produkt der beiden Geradengleichungen mit der letzten Gleichung der vorigen Aufgabe, so ist

$$A_1 A_2 = \frac{1}{a^2} \mp \frac{y_1^2}{a^2 b^2}, \quad B_1 B_2 = \pm\left(\frac{1}{b^2} - \frac{x_1^2}{a^2 b^2}\right),$$

und es ergibt sich als geometrischer Ort der gesuchten Punkte:

$$x_1^2 + y_1^2 = a^2 \pm b^2. \quad \text{(Direktorkreis.)}$$

Dieser Kreis ist reell für jede Ellipse, für eine Hyperbel nur, wenn $b^2 < a^2$ ist; für die gleichseitige Hyperbel $b^2 = a^2$ reduziert er sich auf den Hyperbelmittelpunkt, und das durch ihn gehende Tangentenpaar sind die Asymptoten. Für $b^2 > a^2$ ist der Direktorkreis für die konjugierte Hyperbel reell.

205. Welche Tangenten der vorigen Kurven sind parallel zu der Geraden $Ax + By + C = 0$?

Zahlenbeispiel: $\frac{x^2}{7^2} + \frac{y^2}{32^2} = 1, \quad 24x + 7y = 11.$

Lösungen: Der Richtungskoeffizient $-\frac{A}{B}$ der gesuchten Tangente gibt verglichen mit dem der Tangente im Punkte P_1: $a^2 y_1 A \mp b^2 x_1 B = 0$. Mit Benutzung von $\frac{x_1^2}{a^2} \pm \frac{y_1^2}{b^2} = 1$ erhält man

$$x_1^2 = \frac{a^4 A^2}{a^2 A^2 \pm b^2 B^2}, \quad y_1^2 = \frac{b^4 B^2}{a^2 A^2 \pm b^2 B^2}.$$

Für die Hyperbel sind die Tangenten nur reell, wenn $a^2 A^2 - b^2 B^2 \geqq 0$ ist; gilt das Gleichheitszeichen, so erhält man die Asymptote.

Zahlenbeispiel: Tangenten: $24x + 7y = \pm 280$.

206. Bestimme die Ausdrücke für die Abschnitte, welche die Normale in $P_1(x_1, y_1)$ auf den Achsen der Ellipse $\frac{x^2}{a^2} + \frac{y^2}{b^2} = 1$ abschneidet, und ermittele aus diesen Ausdrücken die Ellipsen-

punkte, für welche jeder Abschnitt seinen größten und seinen kleinsten Wert erlangt. Welche Grenzen gelten für diese äußersten Werte?

Lösung: Achsenabschnitte $\frac{e^2}{a^2} x_1$ und $-\frac{e^2}{b^2} y_1$; äußerste Werte $\pm \frac{e^2}{a}$, 0 und 0, $\mp \frac{e^2}{b}$.

207. Beweise mit Hilfe von (203), daß die Gerade $y = \mu x + n$ die Ellipse der vorigen Aufgabe berührt, wenn sie auf den Tangenten in den Scheiteln der großen Achse Stücke abschneidet, deren Produkt gleich b^2 ist.

208. Es soll die Gleichung einer Ellipse gefunden werden, deren Mittelpunkt in O, deren eine Achse ($= 2a$) auf der X-Achse liegt, und welche die Gerade $y = \mu x + n$ berührt.

Lösung:
$$\frac{x^2}{a^2} + \frac{y^2}{n^2 - \mu^2 a^2} = 1.$$

209. Zu beweisen: Es seien über derselben Hauptachse einer Ellipse, bzw. Hyperbel eine Reihe von Ellipsen, bzw. Hyperbeln konstruiert und zu dieser Achse ein beliebiges Lot gezogen, welches die Kurven schneidet. Zieht man in den Schnittpunkten Tangenten an die Kurven, so schneiden sie jene Achse in demselben Punkte.

210. An die Hyperbel $\frac{x^2}{a^2} - \frac{y^2}{b^2} = 1$ eine Tangente zu ziehen, die vom Nullpunkt einen gegebenen Abstand c hat.

Lösung:
$$y = \mu x \pm \sqrt{-b^2 + a^2\mu^2},$$
wobei $\mu^2 = \frac{b^2 + c^2}{a^2 - c^2}$, also $y = \mu x \pm \frac{ce}{\sqrt{a^2 - c^2}}$.

211. Gegeben ist die Gerade $y = \mu x$ und der Punkt (x_1, y_1). Es soll die Gleichung einer durch diesen Punkt gehenden Hyperbel gefunden werden, deren Mittelpunkt nach O, deren reelle Achse auf die X-Achse fällt, und für welche die gegebene Gerade Asymptote ist.

Lösung: $a^2 = \frac{\mu^2 x_1^2 - y_1^2}{\mu^2}, \quad b^2 = \mu^2 x_1^2 - y_1^2.$

212. Die Gleichung der Tangente im Punkte (x_1, y_1) an di Hyperbel $xy = c^2$ zu finden.

Lösung: $x_1 y + y_1 x = 2c^2.$

213. Die Gleichung einer Hyperbel zu finden, deren Mittel punkt nach O, deren reelle Achse auf die X-Achse fällt, un welche die Geraden $y = \mu_1 x + n_1$ und $y = \mu_2 x + n_2$ berührt

Lösung: $a^2 = \frac{n_2^2 - n_1^2}{\mu_2^2 - \mu_1^2}, \quad b^2 = \frac{n_2^2 \mu_1^2 - n_1^2 \mu_2^2}{\mu_2^2 - \mu_1^2}.$

214. Die Gleichung der Polaren eines Punktes (4, 9) in bezu auf die Kurven

$$\frac{x^2}{5^2} \pm \frac{y^2}{3^2} = 1$$

zu finden.

Lösung: $4x \pm 25y = 25.$

215. Die Gleichung $\frac{x^2}{a^2} - \frac{y^2}{b^2} = \lambda^2$ stellt eine Hyperbel mi den Halbachsen λa und λb dar. Wird $\lambda = 0$, so artet sie i ein Geradenpaar aus. Was ist in Beziehung auf dieses Geraden paar die Gleichung der Polaren des Punktes (x_1, y_1)?

Lösung: $\frac{x_1 x}{a^2} - \frac{y_1 y}{b^2} = 0.$

216. Auf der Geraden $9x + 10y = 39$ einen Punkt so z bestimmen, daß seine Polare in bezug auf die Ellips $9x^2 + 25y^2 = 225$ a) parallel, b) senkrecht zu der gegebene Geraden ist.

Lösung: a) $\left(3, \frac{6}{5}\right)$, b) $\left(\frac{425}{48}, -\frac{351}{160}\right)$.

217. Welcher Punkt $P_1(x_1, y_1)$ ist der Pol der Gerade $Ax + By + C = 0$ in bezug auf die Kegelschnitte $\frac{x^2}{a^2} \pm \frac{y^2}{b^2} = 1$ Erfüllen x_1, y_1 die Kurvengleichung, so ist die Gerade spezie Tangente in diesem Punkte.

a) $4x - 25y = 25, \quad \frac{x^2}{25} \pm \frac{y^2}{9} = 1;$

b) $4x - 5y = 0, \quad \frac{x^2}{6} \pm \frac{y^2}{7} = 1.$

Lösung: $x_1 = -\frac{a^2 A}{C}, \quad y_1 = \mp \frac{b^2 B}{C}.$

Was folgt hieraus für einen Durchmesser und was für die unendlich ferne Gerade?

Zahlenbeispiele:

a) $x_1 = 4, y_1 = \pm 9;$

b) der unendlich ferne Punkt der Richtung $y = \pm \frac{35}{24}$.

218. Gegeben ist der Punkt $P_1(x_1, y_1)$ und die Gerade $Ax + By + C = 0$; wie müssen die auf den Koordinatenachsen liegenden Halbachsen einer Ellipse, bzw. Hyperbel gewählt werden, damit die Gerade die Polare des Punktes P_1 ist? Warum ist die Ellipse reell? Auf welcher der Koordinatenachsen liegt die reelle Achse der Hyperbel?

Lösung: Diskussion von $a^2 = -\frac{C x_1}{A}, \quad b^2 = \mp \frac{C y_1}{B}.$

219. Auf einem Kreise durch den Mittelpunkt einer gleichseitigen Hyperbel und zwei beliebige ihrer Punkte P_1, P_2 liegt auch der Schnittpunkt der Parallelen durch P_1, bzw. P_2 zu den Tangenten in P_2, bzw. P_1.

220. Die gemeinschaftlichen Punkte einer Parabel und einer Geraden zu finden.

Beispiele: a) $y^2 = 18x, \quad 6x + y = 18;$
b) $y^2 = 15x, \quad 3x - 2y = -5;$
c) $y^2 = 10x, \quad 2x - y = -7;$
d) $y^2 = 2px, \quad y = \mu x + n.$

Lösung: a) $(2, 6), \ (4^1/_2, -9)$; b) $(\frac{5}{3}, 5)$ (Tangente);

c) $x = \frac{-9 \pm i\sqrt{115}}{4}$ (keine reellen Schnittpunkte);

d) $x = \frac{p - \mu n \pm \sqrt{p(p - 2\mu n)}}{\mu^2}$,

$y = \frac{p \pm \sqrt{p(p - 2\mu n)}}{\mu}$.

221. Beweise, daß die Halbierungspunkte paralleler Sehnen deren Richtungskoeffizient μ ist, auf dem Durchmesser $y = \frac{p}{\mu}$ liegen.

222. Beweise, daß die Gerade $y = \mu x + \frac{p}{2\mu}$ die Parabel $y^2 = 2px$ berührt und daß $\frac{p}{2p^2}$, $\frac{p}{\mu}$ die Koordinaten des Berührungspunktes sind. Zeige ferner hieraus und aus dem Abschnitt der Tangente auf der X-Achse, daß der Scheitel die Subtangente halbiert. (Hieraus folgt eine Tangentenkonstruktion.)

a) Welche Tangente schließt den Winkel α mit der X-Achse ein?

b) Welche Tangente schneidet auf der Y-Achse die Länge n ab?

c) Welche Tangente steht auf der Geraden $y = \mu_1 x + n_1$ senkrecht?

Lösungen: a) $y = \operatorname{tg}\alpha \cdot x + \frac{p}{2}\cot\alpha$;

b) $y = \frac{p}{2n}x + n$;

c) $y = -\frac{1}{\mu_1}x - \frac{p\mu_1}{2}$.

223. Die Gleichung einer Parabel zu finden, welche die Gerade $y = \mu x + n$ berührt, ihren Scheitel in O und ihre Achse auf der $+ X$-Achse hat.

Lösung: $y^2 = 4\mu n x$.

224. Die Gleichungen der Tangenten zu finden, die vom Punkt $P_1(x_1, y_1)$ an die Parabel $(y - b)^2 = 2p(x - a)$ ge-

zogen werden können. Wann sind die beiden Tangenten reell und verschieden, wann reell und zusammenfallend, wann imaginär?

Lösung: Die Gleichung für $\varkappa$ in [A, § 32] muß zwei gleiche Wurzeln haben. Nimmt man dort für $P_2(x_2, y_2)$ den veränderlichen Punkt $P(x, y)$, sodaß P_1P Tangente bleibt, so erhält man die Bedingung:

$$\{(y_1 - b)(y - b) - p(x + x_1)\}^2$$
$$- \{(y_1 - b)^2 - 2p(x_1 - a)\}\{(y - b)^2 - 2p(x - a)\} = 0$$

oder

$$2(x_1 - a)(y - y_1)^2 - 2(y_1 - b)(x - x_1)(y - y_1),$$
$$+ p(x - x_1)^2 = 0,$$

d. h. die beiden Tangenten:

$$y - y_1 = \frac{y_1 - b \pm \sqrt{(y_1 - b)^2 - 2p(x_1 - a)}}{2(x_1 - a)}(x - x_1).$$

Für $x_1 = 0$, $y_1 = 0$ erhält man die Tangenten

$$y = \frac{-b \pm \sqrt{b^2 + 2ap}}{2a}x.$$

225. Die Gleichung einer Parabel von gegebenem Parameter $2p$, deren Achse auf die X-Achse fällt, so zu bestimmen, daß diese Kurve die Ellipse $b^2x^2 + a^2y^2 = a^2b^2$ berührt.

Lösung: Die gesuchte Parabel muß eine Gleichung von der Gestalt

$$y^2 = \pm 2p(x - x_0)$$

besitzen. Stellt man nun die Bedingung auf, daß die Tangenten in den beiden Kurven gemeinsamen Punkten (ξ, η) zusammenfallen, so findet man $a^2 = -\xi(\xi - 2x_0)$, $b^2 = \pm p(\xi - 2x_0)$ und daraus $x_0 = \mp\frac{p^2a^2 + b^4}{2pb^2}$, also die zwei Parabeln

$$y^2 = \pm 2px + \frac{p^2a^2 + b^4}{b^2}.$$

Die Berührungspunkte sind: $\xi = \mp\frac{a^2}{b^2}p$, $\eta^2 = b^2 - \frac{a^2}{b^2}p^2$.

Überall gehören die oberen, bzw. die unteren Vorzeichen zusammen.

226. Gegeben ist die Hyperbel $b^2x^2 - a^2y^2 = a^2b^2$. Es soll eine Parabel gefunden werden, deren Achse auf die Y-Achse

fällt, und welche die Hyperbel in den Punkten berührt, in welchen sie von der Geraden $y = b_1$ geschnitten wird.

Lösung: Die gesuchte Parabel muß die Gleichung

$$x^2 = 2p(y - y_0)$$

haben, wo p und y_0 die Werte haben:

$$p = \frac{a^2}{b^2} b_1, \quad y_0 = \frac{b_1^2 - b^2}{2 b_1}.$$

227. Die vom Punkte $P_1(x_1, y_1)$ an die Parabel $y^2 = 2px$ möglichen Normalen zu finden.

Zahlenbeispiele: a) $x_1 = \frac{3}{2} p, y_1 = 0$; b) $x_1 = \frac{p}{2}, y_1 = 0$.

Lösung: Ist $\Pi(\xi, \eta)$ der Berührungspunkt einer der zur gesuchten Normalen senkrechten Tangente, so ist die Gleichung dieser Normalen:

$$\xi \eta + (p - x)\eta - p y = 0.$$

Da diese Normale durch den Punkt P_1 gehen soll, so hat man zur Bestimmung von ξ und η die beiden Gleichungen:

$$\text{(I)} \qquad \xi \eta + (p - x_1)\eta - p y_1 = 0,$$

$$\text{(II)} \qquad \eta^2 - 2p\xi = 0.$$

Die gesuchten Punkte Π sind daher die Schnittpunkte der Parabel (II) mit der gleichseitigen Hyperbel (I), deren Asymptoten den Koordinatenachsen parallel sind und deren Mittelpunkt die Koordinaten $x_1 - p, 0$ hat.

Für $y_1 = 0$ zerfällt die Hyperbel in die beiden Geraden $\eta = 0$ und $\xi = x_1 - p$. Einer der vier Schnittpunkte (S) ist stets der unendlich ferne Punkt der X-Achse. Die übrigen drei Schnittpunkte S_2, S_3, S_4 sind entweder alle drei reell oder nur einer, je nachdem $y_1^2 <$ oder $> \frac{8}{27} \frac{(x_1 - p)^3}{p}$ ist; im Falle $y_1^2 = \frac{8}{27} \frac{(x_1 - p)^3}{p}$ liegen zwei von den drei reellen Schnittpunkten senkrecht zur X-Achse übereinander.

Bemerkung: Die Ortskurve aller Krümmungsmittelpunkte einer Kurve heißt ihre Evolute. Die Evolute der Parabel hat die Gleichung $y^2 = \frac{8}{27} \frac{(x - p)^3}{p}$. Man kann also auch sagen: Von P_1 gehen vier, drei oder zwei Parabelnormalen aus, je nachdem P_1 innerhalb, bzw. auf oder außerhalb der Parabelevolute liegt; eine dieser Normalen ist stets der X-Achse parallel.

Zahlenbeispiele: a) 4 Normalen;
b) 2 Normalen.

In beiden Beispielen fallen zwei der Normalen in die X-Achse. Für $x_1 = p, y_1 = 0$ fallen die vier Normalen in die Parabelachse und in die Senkrechte zu ihr.

228. Man behandele die gleiche Aufgabe für die Ellipse und Hyperbel $\frac{x^2}{a^2} \pm \frac{y^2}{b^2} = 1.$

Lösung: Die Evoluten dieser Kurven sind

$$(ax)^{\frac{2}{3}} \pm (by)^{\frac{2}{3}} = (a^2 \mp b^2)^{\frac{2}{3}}.$$

Je nachdem P_1 innerhalb, auf oder außerhalb der Evolute liegt, erhält man vier, drei oder zwei Normalen. Als Äußeres der Evolute ist der Teil der Ebene bezeichnet, in den die Evolutenspitzen zeigen.

229. Zu beweisen: Die Sehnen, die von einem festen Punkte P_0 eines Kegelschnittes unter einem rechten Winkel erscheinen, schneiden sich in ein und demselben Punkte U der Normalen von P_0.

Lösung: Wählt man die Tangente und Normale von P_0 als X- und Y-Achse, so hat der Kegelschnitt die Gleichung

$$a_{11}x^2 + 2a_{12}xy + a_{22}y^2 + 2a_{23}y = 0.$$

Ist P_1P_2 eine beliebige Sehne, die von P_0 unter dem Winkel $\frac{\pi}{2}$ erscheint, und setzt man $y_1 = x_1 \cdot \operatorname{tg}\delta$, so ist $y_2 = -x_2 \cot\delta$. Berechnet man aus der Kurvengleichung nun die Koordinaten von P_1 und P_2 als Funktionen von $\operatorname{tg}\delta$, so erhält man aus der Gleichung der Geraden P_1P_2 für $x = 0$ die von δ unabhängige Ordinate ihres Schnittpunktes U mit der Normale:

$$y_U = -\frac{2a_{23}}{a_{11} + a_{22}},$$

womit die Behauptung bewiesen ist.

230. Um den Punkt $(x_1, 0)$ der X-Achse soll ein Kreis beschrieben werden, der die Parabel $y^2 = 2px$ berührt.

Lösung: $(x - x_1)^2 + y^2 = p\,(2x_1 - p).$

Wie verläuft der Halbmesser zum Berührungspunkt?

Für welche Werte von x_1 ergibt sich kein Kreis? Wie gestaltet sich die Berührung, wenn $x_1 = p$?

231. An die Parabel $y^2 = 10x$ eine Normale zu ziehen, welche senkrecht zu der Geraden $y = -\frac{2}{5}x + 12$ ist.

Lösung: $10x - 4y - 206{,}25 = 0.$

232. Gegeben ist die Parabel $y^2 = 2px$ und auf ihr der Punkt $P(a, b)$. Es soll die Gleichung dieser Parabel für ein Koordinatensystem gefunden werden, dessen Abszissenachse (X') der durch P gezogene Durchmesser und dessen Ordinatenachse (Y') die Parabeltangente in P ist.

Lösung: $y'^2 = 2(2a + p)x' = 2p'x'.$

Anmerkung: Man nennt $2(2a + p)$ den Nebenparameter.

233. Zu beweisen, daß der Nebenparameter $2p'$ gleich der durch den Brennpunkt parallel zur Y'-Achse gezogenen Sehne ist.

234. Die Gleichung der Tangente im Punkte (a', b') an die Parabel in dem in Nr. 232 gegebenen schiefen System zu finden.

Lösung: $b'y' = p'(x' + a').$

235. Die Gleichung der Polaren eines Punktes in Beziehung auf eine Parabel zu finden.

Beispiele:

a) $y^2 = 14x$, $(7, 8)$; b) $y^2 = -5x$, $(3, -7)$;

c) des unendlich fernen Punktes der Geraden $y = \mu x + n$, $y^2 = 2px$.

Lösungen: a) $7x - 8y + 49 = 0$;
b) $5x - 14y + 15 = 0$;
c) $y = \dfrac{p}{\mu}$.

236. Die Koordinaten des Poles der Geraden

a) $y = \mu x + n$, b) $Ax + By + C = 0$,

in bezug auf die Parabel $y^2 = 2px$ zu finden. Wo liegt der Pol, wenn $A = 0$, oder $B = 0$, oder $C = 0$?

Zahlenbeispiele:

a) $y^2 = 14x$, $3x + 5y + 9 = 0$;
b) $y^2 = 24x$, $y = 3x + 2$.

Lösung: $\left(\frac{n}{\mu}, \frac{p}{\mu}\right)$; $\left(\frac{C}{A}, -\frac{pB}{A}\right)$.

Erfüllen diese Werte die Parabelgleichung, so ist die Gerade speziell Tangente.

Zahlenbeispiele: a) $\left(3, -\frac{35}{3}\right)$;

b) $\left(\frac{2}{3}, 4\right)$ ist ein Parabelpunkt.

237. Zu beweisen, daß die Lote, welche man von zwei beliebigen Punkten der Scheiteltangente auf die zugehörigen Polaren einer Parabel fällt, sich auf der Achse in dem Punkte mit der doppelten Brennpunktsabszisse schneiden.

238. Zwei feste Punkte $P_1(x_1, y_1)$ und $P_2(x_2, y_2)$ haben die Polaren l_1 und l_2. Es soll bewiesen werden, daß der Quotient der beiden durch eine beliebige Gerade l_3 auf P_1P_2 erzeugten Abschnitte dividiert durch den Quotienten der Abstände des Poles der Geraden l_3 von l_1 und l_2 konstant ist.

Beweis: Ist P der Schnittpunkt von l_3 mit P_1P_2 und $\overrightarrow{P_1P}:\overrightarrow{PP_2}=\varkappa$, so erhält man für das Verhältnis der Abstände des Poles der Geraden l_3 von l_1 und l_2: $-\varkappa\sqrt{\frac{p^2+y_2^2}{p^2+y_1^2}}$. Das Verhältnis beider Quotienten $-\sqrt{\frac{p^2+y_1^2}{p^2+y_2^2}}$ ist also von den Konstanten der Geraden l_3 unabhängig.

239. Welche Beziehung muß zwischen den Koordinaten (x_1, y_1), (x_2, y_2) zweier Punkte P_1 und P_2 bestehen, damit ihre Verbindungslinien mit dem Mittelpunkt der Kegelschnitte $\frac{x^2}{a^2} \pm \frac{y^2}{b^2} = 1$ konjugierte Durchmesser sind?

Lösung: $$\frac{x_1 x_2}{a^2} \pm \frac{y_1 y_2}{b^2} = 0.$$

240. Gegeben ist die Ellipse $5x^2 + 9y^2 = 45^2$ und der Punkt

(10, 21). Durch diesen wird der Durchmesser gezogen. Es soll die Gleichung des zu ihm konjugierten gefunden werden.

Lösung: $$50x + 189y = 0.$$

241. Zwei konjugierte, einander gleiche Durchmesser für die Ellipse von Nr. 239 zu bestimmen. Wie lautet die Gleichung der Ellipse bezogen auf die gleichlangen konjugierten Durchmesser OX', OY' als Koordinatenachsen?

Lösung: $$y = \pm \frac{b}{a}x, \quad \text{Länge} \sqrt{\frac{a^2 + b^2}{2}};$$
$$x'^2 + y'^2 = \frac{a^2 + b^2}{2}.$$

242. Beweise, daß, wenn die Punkte P_1 und P_2 der Kegelschnitte in Nr. 239 Endpunkte konjugierter Durchmesser mit den Längen $2A$ und $2B$ sind, dann folgende Beziehungen gelten:

$$1.\ x_1^2 \pm x_2^2 = a^2;$$
$$2.\ y_1^2 \pm y_2^2 = \pm b^2;$$
$$3.\ A^2 \pm B^2 = a^2 \pm b^2.$$

Beweis mit Hilfe von [A, § 42].

243. Wird einer Ellipse ein veränderliches Rechteck umschrieben, so bestimmen die Berührungspunkte ein Parallelogramm des konstanten Umfanges $4\sqrt{a^2 + b^2}$.

Beweis: Die Diagonalen des Rechtecks sind konjugierte Durchmesser, die zu den Seiten des der Ellipse eingeschriebenen Parallelogramms parallel sind. Beachtet man noch, daß die Ecken des Rechtecks auf dem Direktorkreise (Aufg. 204) liegen, und daß daher die Diagonalen des Rechtecks die Länge $2\sqrt{a^2 + b^2}$ haben, so folgt die Richtigkeit der Behauptung leicht aus den ähnlichen Dreiecken, die eine Rechtecksecke gemeinsam und die gegenüberliegende Rechtecksdiagonale, so wie die eine zu ihr parallele Seite des Parallelogramms zu Grundlinien haben.

244. Welchen Winkel ϑ schließt der Durchmesser $y = \mu x$ mit dem konjugierten Durchmesser $y = \mp \frac{b^2}{a^2} \frac{x}{\mu}$ (vgl. Aufg. 239) ein? Bestimme ihre Schnittpunkte P_1, P_2 mit der Kurve.

Lösung: Bilden die beiden konjugierten Durchmesser die Winkel ϑ_1, ϑ_2 mit der positiven X-Achse, so ist $\operatorname{tg}\vartheta_1 \cdot \operatorname{tg}\vartheta_2 = \mp \frac{b^2}{a_2}$ und

$$\operatorname{tg}\vartheta = -\frac{a^2\mu^2 \pm b}{(a^2 \mp b^2)\mu};$$

$$x_1^2 = \frac{a^2b^2}{b^2 \pm a^2\mu^2}, \; y_1^2 = \frac{a^2b^2\mu^2}{b^2 \pm a^2\mu^2}; \; x_2^2 = \frac{a^4\mu^2}{a^2\mu^2 \pm b^2}, \; y_2^2 = \frac{b^4}{a^2\mu^2 \pm b^2}.$$

245. Die Polare des unendlich fernen Punktes der Geraden $Ax + By + C = 0$ für die Kegelschnitte $\frac{x^2}{a^2} \pm \frac{y^2}{b^2} = 1$ soll bestimmt werden.

Lösung: $y = \pm \frac{b^2}{a^2}\frac{B}{A}x$ ist der konjugierte Durchmesser zu $Ax + By = 0$.

246. Durch den Punkt P_0 die Gerade zu ziehen, von der durch den Kegelschnitt $\frac{x^2}{a^2} \pm \frac{y^2}{b^2} = 1$ eine Sehne abgeschnitten wird, die in P_0 halbiert wird.

Lösung: Die gesuchte Gerade ist parallel zu dem Durchmesser, welcher zu der Verbindungslinie von (x_1, y_1) mit O konjugiert ist; ihre Gleichung ist

$$y - y_0 = \mp \frac{b^2 x_0}{a^2 y_0}(x - x_0).$$

247. Durch einen gegebenen Punkt P_0 innerhalb einer Parabel eine Sehne zu ziehen, welche in P_0 halbiert wird.

Lösung: $$y - y_0 = \frac{p}{y_0}(x - x_0).$$

248. Durch den Punkt P_1 eine Sehne von $\frac{x^2}{a^2} \pm \frac{y^2}{b^2} = 1$ zu ziehen, die durch den Durchmesser $Ax + By = 0$ halbiert wird.

Lösung: $$a^2A(x - x_1) \mp b^2B(y - y_1) = 0.$$

249. Durch einen gegebenen Punkt P_0 eine Sehne zu ziehen, die durch einen gegebenen Durchmesser $y = n$ halbietr wird.

Lösung: $y - y_0 = \frac{p}{n}(x - x_0)$.

250. Es sollen zwei konjugierte Durchmesser OD und OD_1 der Hyperbel so bestimmt werden, daß OD den Winkel zwischen der $+X$-Achse und OD_1 halbiert.

Lösung: $y = mx(OD)$ und $y = m_1 x(OD_1)$,
wobei

$$m = \frac{\pm b}{\sqrt{2a^2 + b^2}}, \quad m_1 = \frac{b^2}{a^2 m}.$$

251. Die Gleichungen zweier konjugierter Durchmesser zu bestimmen, die einen Winkel von 45° miteinander bilden.

Lösung: Die Richtungsfaktoren der Durchmesser sind

$$m = \frac{-(a^2 + b^2) \pm \sqrt{4a^2b^2 + (a^2 + b^2)^2}}{2a^2},$$

$$m_1 = \frac{b^2}{a^2 m}; \quad \text{Beispiel: } a^2 = 3, \quad b^2 = 2.$$

252. Durch den Punkt $P_1(x_1, y_1)$ innerhalb der Parabel $y^2 = 2px$ die Sehne zu ziehen, welche in diesem Punkt halbiert wird. [A, § 44.]

Beispiel: $y^2 = 18x$; $x_1 = 2$, $y_1 = 3$.

Lösung: $y - y_1 = \frac{p}{y_1}(x - x_1)$;

Zahlenbeispiel: $3x - y = 3$.

253. Wie lautet für die Parabel $y^2 = 2px$ die Gleichung des Durchmessers, der die unter dem Winkel von 45° gegen die Achse gezogenen Sehnen halbiert?

Lösung: $y = p$.

254. Durch den Punkt P_1 eine Sehne der Parabel $y^2 = 2px$ zu ziehen, die durch den Durchmesser $y = n$ halbiert wird.

Lösung: $y - y_1 = \frac{p}{n}(x - x_1)$.

255. Zeige, daß die Polare des unendlich fernen Punktes einer Hyperbel-Asymptote diese Asymptote selbst ist und beweise a) geometrisch, b) analytisch, daß die Polare jedes Punktes einer Asymptote parallel zu dieser Asymptote ist.

Lösung: Die erste Behauptung folgt daraus, daß die Polare eines Kurvenpunktes die Tangente in ihm ist. Der geometrische Beweis der zweiten Behauptung folgt aus dem Satze [A, § 42, S. 96], weil jede Asymptote zu sich selbst konjugiert ist [A, S. 92]. Für den analytischen Beweis hat man nur die Koordinaten eines Asymptotenpunktes $\left(x_1, \pm \frac{b}{a} x_1\right)$ in die Polarengleichung einzusetzen.

256. Verbindet man zwei feste Punkte P_1, P_2 einer Hyperbel mit einem veränderlichen dritten Punkte P_3 derselben, so ist die von den Sehnen P_3P_1 und P_3P_2 auf jeder der Asymptoten begrenzte Strecke von konstanter Länge.

Lösung: Bezieht man die Hyperbel auf ihre Asymptoten als Koordinatenachsen, so ist ihre Gleichung $xy = \frac{a^2+b^2}{4} = k^2$ und die beiden Sehnengleichungen lassen sich schreiben: $y_\varrho \cdot x + x_3 \cdot y = x_3 y_\varrho + k^2$ $(\varrho = 1, 2)$. Die konstante Länge auf der x-Achse beträgt $x_1 - x_2$, die auf der y-Achse $y_1 - y_2$.

257. Das zwischen den Asymptoten gelegene Stück einer Hyperbeltangente ist gleich dem zur Tangente parallelen Durchmesser.

Zum *Beweise* benutze man den zur Tangente parallelen und den nach ihrem Berührungspunkte gehenden Durchmesser als Koordinatenachsen [A, § 43].

258. Die von einer Asymptote aus gemessenen Abschnitte, die eine Hyperbel auf einer beliebigen Sekante erzeugt, liefern als Produkt das Quadrat des der Sekante parallelen Halbmessers.

Zum *Beweise* beziehe man die Hyperbel auf den zur Sekante parallelen und den zu diesem konjugierten Durchmesser [A, § 43].

259. Zu beweisen: Eine Ellipse berührt in ihren Scheiteln die Seiten eines Rechteckes, dessen Diagonalen Asymptoten einer Hyperbel sind, deren reelle Achse mit einer der Ellipsenachsen zusammenfällt. Dann ist die Polare eines Punktes P_1 der einen Kurve Tangente an die andere. Die Polare ihres Berührungspunktes P_2 in bezug auf die zweite Kurve ist wieder Tangente an die Ausgangskurve im Punkte P_1.

260. Beweise, daß die vom Punkt $P(a, b)$ an die Parabel

$x^2 = 4y$ gezogenen Tangenten auf der X-Achse Stücke abschneiden, deren Länge gleich den Wurzeln x_1 und x_2 der Gleichung

$$x^2 - ax + b = 0 \qquad (1)$$

ist. Zeige ferner, daß, wenn man um P mit PF (F Brennpunkt) einen Kreisbogen beschreibt, welcher die Leitlinie l in P_1 und P_2 trifft, die Abszissen von P_1 und P_2 doppelt so groß als die Wurzeln der Gleichung (1) sind. Wird die Parabel auf Millimeterpapier aufgezeichnet und die Skala auf der Leitlinie für doppelte Größe numeriert, so kann Gleichung (1) durch einen Kreisbogen um P mit PF graphisch gelöst werden. (Fig. 12.)

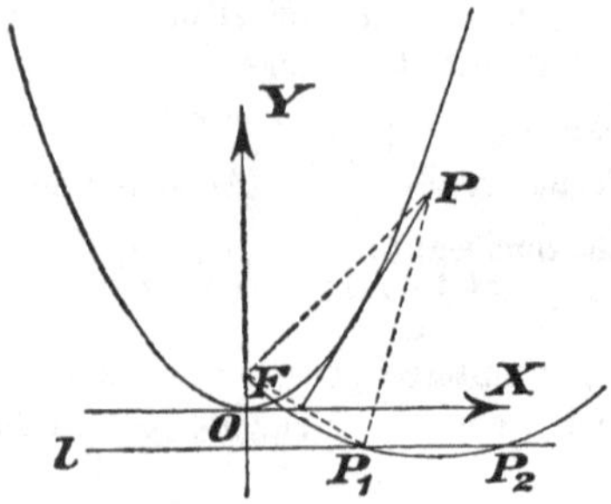

Fig. 12.

Zeige, daß, wenn a, b außerhalb, auf, innerhalb der Parabel liegt, Gleichung (1) zwei reelle und verschiedene, zwei reelle und zusammenfallende, zwei imaginäre Wurzeln hat.

261. Es sei die Funktion

$$y = Ax^2 + Bx + C$$

gegeben. Für welchen Wert von x erreicht y einen kleinsten oder größten Wert?

Lösung: Man bringe die gegebene Gleichung, welche eine Parabel darstellt, auf die Form

$$(x - x_0)^2 = 2p\,(y - y_0),$$

wo x_0, y_0 die Scheitelkoordinaten der Parabel bezeichnen. Man findet $x_0 = -\frac{B}{2A}$, $y_0 = -\frac{B^2 - 4AC}{4A^2}$, $p = \frac{1}{2A}$. Für $x = x_0$ erreicht y seinen kleinsten oder größten Wert, je nachdem p, also auch $A >$ oder < 0 ist, d. h. die Parabelachse die Richtung der positiven oder negativen Y-Achse hat.

262. Ein Rechteck soll einen Umfang von 200 m erhalten. Wie müssen die Seitenlängen gewählt werden, damit es einen größten Inhalt erhält?

Lösung: Bezeichnet man die eine Seite des Rechtecks mit x, so ist sein Flächeninhalt $y = x(100 - x)$, woraus nach Nr. 276 folgt $x = 50\,m$, d. h. es ergibt sich also ein Quadrat.

263. Eine gegebene Strecke s soll in zwei Teile geteilt werden, sodaß die Summe ihrer Quadrate ein Minimum wird.

Lösung: Ist x die Länge des einen Teiles, so soll

$$y = 2x^2 - 2xs + s^2$$

ein Minimum werden. Man findet $x = \frac{s}{2}$ und $y = \frac{s^2}{2}$.

§ 17. Brennpunkte. Konfokale Kegelschnitte.

264. Beweise, daß, wenn man über dem Stücke einer Ellipsen- oder Hyperbeltangente, das zwischen den Scheiteltangenten der Hauptachse liegt, als Durchmesser einen Kreis beschreibt, dieser durch die Brennpunkte geht. Daraus folgt, daß das zwischen den Scheiteltangenten gelegene Stück der beweglichen Tangente von jedem Brennpunkte aus unter einem rechten Winkel gesehen wird.

Dieser letztere Satz läßt sich so erweitern: Der Winkel, unter welchem das zwischen zwei festen Tangenten liegende Stück einer beweglichen Tangente von einem Brennpunkt aus gesehen wird, ist unveränderlich.

265. Das Rechteck aus den Brennstrahlen eines Ellipsen- oder Hyperbelpunktes P_0 ist gleich dem absoluten Werte des Quadrates des Halbmessers, der dem nach P_0 gehenden konjugiert ist.

Lösung: Vgl. [A, § 45], ebenso für die folgende Aufgabe.

266. Zieht man von einem Hyperbelpunkte eine Parallele zu einer Asymptote bis zu einer der Leitlinien, so hat diese Parallele die Länge des Abstandes des Hyperbelpunktes von dem entsprechenden Brennpunkte.

267. In der Ellipse, bezw. Hyperbel $b^2x^2 \pm a^2y^2 = a^2b^2$ ist die Sehne P_1P_2 parallel zur Y-Achse so zu ziehen, daß sie Hypotenuse eines rechtwinkligen Dreieckes ist, für welches die Spitze des rechten Winkels in dem Brennpunkt $F_1(e, 0)$ liegt.

Lösung: $x = \frac{a^2 e \mp a b^2 \sqrt{2}}{a^2 + b^2}$ für die Ellipse,

$x = \frac{a^2 e \pm a b^2 \sqrt{2}}{a^2 - b^2}$ für die Hyperbel.

268. Es soll ein Rechteck so bestimmt werden, daß zwei Gegenecken in den Brennpunkten F_1 und F_2 und die beiden anderen Ecken auf den Kegelschnitten der vorigen Aufgabe liegen.

Lösung: $x = \pm \frac{a\sqrt{a^2 - 2b^2}}{\sqrt{a^2 - b^2}}$ für die Ellipse. (Wann ist die Aufgabe lösbar?)

$x = \pm \frac{a\sqrt{a^2 + 2b^2}}{\sqrt{a^2 + b^2}}$ für die Hyperbel.

269. In dem Punkte $P_0(x_0, y_0)$ eines Mittelpunktskegelschnittes mit der Haupthalbachse a und der Nebenhalbachse b ist die Tangente gezogen und auf sie von dem einen Brennpunkt, z. B. $(e, 0)$ das Lot gefällt. Es soll bewiesen werden, daß das Produkt aus der Länge des Lotes und der Länge der in P_0 gezogenen Normalen (Stück zwischen P_0 und der X-Achse) gleich dem Produkt aus dem Halbparameter $p = \frac{b^2}{a}$ und dem zu P_0 gehörigen Brennstrahl ist.

Der Satz gilt auch für die Parabel.

Lösung: Länge des Lotes: $b^2 \frac{x_0 e - a^2}{\sqrt{b^4x_0^2 + a^4y_0^2}}$ (bzw. für die Parabel $\frac{1}{2}\sqrt{p^2 + y_0^2}$); Länge der Normale: $\frac{1}{a^2}\sqrt{b^4x_0^2 + a^4y_0^2}$ (bz. $\sqrt{p^2 + y_0^2}$); Länge des Brennstrahles: $\frac{1}{a}(ex_0 - a^2)$ $\left(\text{bzw. } \frac{p^2 + y_0^2}{2p} \text{ für die Parabel}\right)$.

270. Von dem Schnittpunkt der zu dem Brennpunkt F gehörigen Leitlinie mit der Hauptachse ist an einen Kegelschnitt eine Tangente gezogen. Von einem beliebigen Punkt $Q(\xi, \eta)$ dieser Tangente ist auf diese Achse das Lot QE gefällt, welches die Kurve in P schneidet. Es soll bewiesen werden, daß $FP = QE$ ist.

Lösung: Als Koordinatensystem benutze man die Hauptachse und die zu F gehörige Leitlinie; dann ist die Gleichung des Kegelschnittes $y^2 = (\lambda^2 - 1)x^2 + 2sx - x^2$, wo s den Abstand des Brennpunktes F von der Leitlinie, λ die numerische Exzentrizität bezeichnet. Der Berührungspunkt der Tangente vom Nullpunkte hat die Koordinaten s, λs, also die Tangente die Gleichung $y = \lambda x$. Dann sind die Koordinaten von $P: \xi, \sqrt{(\lambda^2 - 1)\xi^2 + 2s\xi - \xi^2}$; von Q: $\xi, \lambda\xi$ und von E: $\xi, 0$, woraus leicht die Behauptung folgt.

271. Zu beweisen, daß die Länge einer durch den Brennpunkt gezogenen Parabelsehne gleich dem vierfachen Brennstrahl nach dem Berührungspunkt der ihr parallelen Tangente ist.

Lösung: (Siehe [A, § 44.])

272. Die Gleichung einer Parabel aufzustellen, welche die Ellipse $b^2x^2 + a^2y^2 = a^2b^2$ in dem auf der $+Y$-Achse liegenden Scheitel berührt und durch die Brennpunkte geht.

Lösung: $$x^2 = -\frac{e^2}{b}(y - b).$$

273. Die Schnittpunkte dreier beliebiger Parabeltangenten liegen stets auf einem Kreise durch den Brennpunkt F. (Fig. 13.)

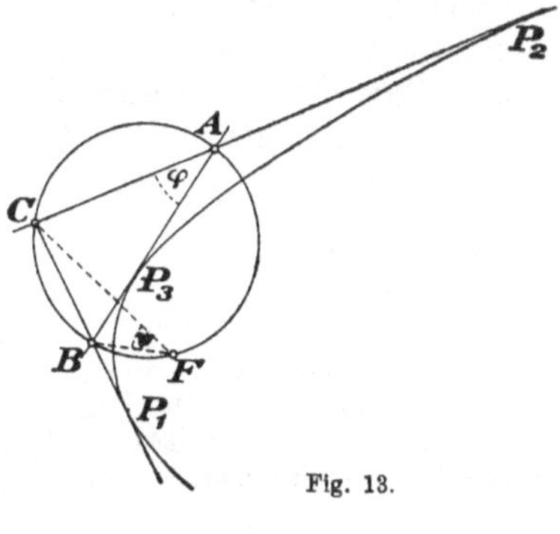

Fig. 13.

Beweis: Die Gleichung der Parabel sei $y^2 = 2px + p^2$, dann ist ihr Brennpunkt der Koordinatenanfangspunkt. Man berechne

die Koordinaten der Schnittpunkte A, B, C der Tangenten in P_2 und P_3, P_3 und P_1, P_1 und P_2 und dann tg φ und tg ψ, wo φ den Winkel BAC, ψ den Winkel BFC bezeichnet. Da sich $\operatorname{tg}\varphi = \operatorname{tg}\psi$ ergibt, so sind beide über BC stehenden Winkel gleich, und daher liegen die vier Punkte A, B, C, F auf demselben Kreise.

Definition. Ellipsen und Hyperbeln, welche die Brennpunkte gemeinsam haben, heißen konfokal. Beträgt der Abstand der Brennpunkte $2e$, *und wählt man die beiden Geraden, in denen die Achsen aller konfokalen Kurven liegen als Koordinatenachsen, so ist ihre Gleichung mit* a *als Haupthalbachse:*

$$\frac{x^2}{a^2} + \frac{y^2}{a^2 - e^2} = 1.$$

Für $a > e$ *liefert die Gleichung Ellipsen, für* $a < e$ *Hyperbeln; für* $a = e$ *die X- und für* $a = 0$ *die Y-Achse.*

Da bei der Parabel ein Brennpunkt im Unendlichen liegt, so sind konfokale Parabeln solche, die den Brennpunkt und die Achse gemeinsam haben. Für die Hauptachse als X-Achse und den Brennpunkt als Nullpunkt lautet die Gleichung der Schar konfokaler Parabeln mit dem willkürlichen Parameter p:

$$y^2 - 2px - p^2 = 0.$$

Je nachdem $p >$ *oder* < 0 *ist, fällt die Parabelachse mit der positiven oder negativen X-Halbachse zusammen.*

274. Von einer konfokalen Ellipsen- und Hyperbelschar schneidet jede Ellipse jede Hyperbel rechtwinklig. Von einer konfokalen Parabelschar schneiden sich je zwei Parabeln mit entgegengesetzt gerichteten Hauptachsen rechtwinklig.

Beweis: Aus den Gleichungen $\frac{x^2}{a_\nu^2} + \frac{y^2}{a_\nu^2 - e} = 1$ $(\nu = 1, 2)$ ergibt sich für die Schnittpunkte:

$$x_0 = \pm \frac{a_1 a_2}{e}, \qquad y_0 = \frac{\sqrt{(a_1^2 - e^2)(e^2 - a_2^2)}}{e}.$$

Die Schnittpunkte sind nur reell, wenn $a_1 > e$, $a_2 < e$ ist; es können sich also zwei Kurven derselben Art nicht schneiden, dagegen schneiden alle Ellipsen alle Hyperbeln. Die Richtungskoeffizienten der Tangenten in dem Schnittpunkte $P_0(x_0, y_0)$ einer Ellipse und

Hyperbel sind $-\frac{x_0}{y_0}\frac{a_1^2-e^2}{a_1^2}$, $-\frac{x_0}{y_0}\frac{a_2^2-e^2}{a_2^2}$, ihr Produkt $\frac{x_0^2}{y_0^2}\frac{(a_1^2-e^2)(a_2^2-e^2)}{a_1^2 a^2}$ ist (mit Benutzung der Werte für x_0, y_0) gleich -1.

Die Schnittpunkte zweier konfokalen Parabeln mit den Parametern p_1, p_2 haben die Koordinaten:

$$x_0 = \frac{p_1+p_2}{2}, \qquad y_0 = \sqrt{-p_1 p_2},$$

sind also nur reell, wenn p_1 und p_2 entgegengesetztes Vorzeichen haben. Die Richtungskoeffizienten der Tangenten in diesen Punkten sind $\frac{p_1}{y_0}$ und $\frac{p_2}{y_0}$, folglich $\frac{p_1}{y_0}\cdot\frac{p_2}{y_0} = -1$.

275. Der Ort des Poles einer festen Geraden g in bezug auf eine Schar konfokaler Kegelschnitte $\frac{x^2}{a^2}+\frac{y^2}{a^2-e^2}=1$, bzw. $y^2 = 2px + p^2$ ist eine zu ihr senkrechte Gerade h.

Lösung: Hat die Gerade g die Gleichung $\frac{x}{m}+\frac{y}{n}-1=0$, so ist h die Gerade: $mx - ny = e^2$, bzw. $mx - ny = m^2$.

276. Für zwei zueinander konfokale Kegelschnitte soll gezeigt werden, daß die Tangente in einem beliebigen Punkte P_1 des einen Kegelschnittes als Polare des zweiten aufgefaßt einen Pol besitzt, der auf der durch P_1 gehenden Normale des ersten Kegelschnittes liegt.

Lösung: Soll die Tangente im Punkte $P_1(x_1, y_1)$ an

$$\frac{x^2}{a_1^2}+\frac{y^2}{a_1^2-e^2}=1$$

Polare des Punktes P_2 in bezug auf $\frac{x^2}{a_2^2}+\frac{y^2}{a_2^2-e^2}=1$ sein, so muß $x_2 = \frac{a_2^2}{a_1^2}x_1$, $y_2 = \frac{a_2^2-e^2}{a_1^2-e^2}y_1$ sein. Diese Werte befriedigen aber die Gleichung der Normale in $P_1: y - y_1 = \frac{a_1^2}{a_1^2-e^2}\frac{y_1}{x_1}(x-x_1)$.

Für zwei konfokale Parabeln erhält man analog

$$x_2 = x_1 + p_1 - p_2, \qquad y_2 = \frac{p_2}{p_1}y_1.$$

Die Normalengleichung $y - y_1 = -\frac{y_1}{p_1}(x - x_1)$ ist für $x = x_2$ $y = y_2$ befriedigt. Der Satz folgt auch aus Nr. 271.

277. Konstruiert man in den Punkten, in denen die Tangente t eines Kegelschnittes alle zu ihm konfokalen schneidet, die Tangenten an jeden der letzteren, so schneiden sie sich auf der zu t gehörenden Normalen.

Lösung: Die Tangenten in den Schnittpunkten von t mit einem der konfokalen Kegelschnitte schneiden sich im zugehörigen Pole; nach Nr. 271 ist ihr Ort für alle Kegelschnitte eine zu t senkrechte Gerade, die durch den Berührungspunkt von t gehen, also die zu t gehörige Polare sein muß, da dieser Punkt zugleich der Pol von t ist.

278. Zieht man von einem festen Punkte der Hauptachse $(\xi, 0)$ oder der Nebenachse $(0, \eta)$ die Tangenten an die konfokalen Kegelschnitte $\frac{x^2}{a^2} + \frac{y^2}{a^2 - x^2} = 1$, so erhält man als geometrischen Ort der Berührungspunkte je einen Kreis.

Lösung:
$$\left(x - \frac{\xi^2 + e^2}{2\xi}\right)^2 + y^2 = \left(\frac{\xi^2 - e^2}{2\xi}\right)^2,$$
$$\text{bzw. } x^2 + \left(y - \frac{\eta^2 - e^2}{2\eta}\right)^2 = \left(\frac{\eta^2 + e^2}{2\eta}\right)^2.$$

279. Welche Bedingung müssen zwei harmonische Polaren [A, § 32], die sich in (ξ, η) schneiden, erfüllen, damit sie aufeinander senkrecht stehen?

Lösung: Der Kegelschnitt sei $\frac{x^2}{a^2} + \frac{y^2}{b^2} - 1 = 0$, $a > b$. Damit die Gerade $y - \eta = \mu(x - \xi)$ Polare des Punktes P_0 ist, muß $x_0 = \frac{-a^2\mu}{\eta - \mu\xi}$, $y_0 = \frac{b^2}{\eta - \mu\xi}$ sein. $y - \eta = \mu_1(x - \xi)$ ist harmonische Polare zur ersten, wenn $y_0 - \eta = \mu_1(x_0 - \xi)$, woraus für μ_1 der Wert $\mu_1 = -\frac{b^2 - \eta^2 + \mu\xi\eta}{a^2\mu + \xi\eta - \mu\xi^2}$ folgt. Für den Winkel ψ zwischen beiden Polaren ergibt sich $\operatorname{tg}\psi = \frac{\mu_1 - \mu}{1 + \mu_1\mu}$ $= \frac{b^2 - \eta^2 + \mu(a^2 + 2\xi\eta) - \mu^2\xi^2}{(\mu^2 - 1)\xi\eta + \mu(\xi^2 - \eta^2 - a^2 + b^2)}$, woraus für $\psi = \frac{\pi}{2}$ als

Gleichung für μ folgt:

$$(\mu^2 - 1)\xi\eta + \mu(\xi^2 - \eta^2 - a^2 + b^2) = 0.$$

280. In welchen Punkten (ξ, η) stehen alle in ihnen sich schneidenden harmonischen Polaren aufeinander senkrecht?

Lösung: Die Bedingungsgleichung für μ in der vor. Aufg. darf keinen bestimmten Wert für μ ergeben, was nur möglich ist für $\xi\eta = 0$ und $a^2 - b^2 = \xi^2 - \eta^2$, woraus sich als reelle Punkte die Brennpunkte $\eta = 0$, $\xi = \pm\sqrt{a^2 - b^2}$ oder $\xi = 0$, $\eta = \pm\sqrt{b^2 - a^2}$ für die Ellipse ergeben. Je nachdem $b \gtrless a$ liegen die Punkte auf der X-, bzw. Y-Achse; sie sind die Brennpunkte. Setzt man $-b^2$ an Stelle von b^2, so erhält man die Brennpunkte der Hyperbel. In gleicher Weise kann der Brennpunkt der Parabel bestimmt werden, wobei man von $y^2 = 2px$ ausgeht. Die Brennpunkte sind also die einzigen Punkte, in denen alle harmonischen Polaren rechte Winkel miteinander bilden.

§ 18. Kegelschnitte in Polarkoordinaten.

281. Es soll die Polargleichung 1) der Ellipse, 2) der Hyperbel gefunden werden, wenn der Mittelpunkt Pol und die große bzw. reelle Achse Polarachse ist. Aus der Gleichung soll je der kleinste und der größte Halbmesser gefolgert werden. λ bezeichnet die numerische Exzentrizität.

Lösung: 1) $r^2 = \dfrac{b^2}{1 - \lambda^2\cos^2\vartheta}$, 2) $r^2 = \dfrac{-b^2}{1 - \lambda^2\cos^2\vartheta}$.

282. In der Ellipse 1) der vorigen Aufgabe sind die zwei aufeinander senkrechten Halbmesser r_1, r_2 gezogen. Es ist zu beweisen, daß

$$\frac{1}{r_1^2} + \frac{1}{r_2^2} = \frac{1}{a^2} + \frac{1}{b^2}$$

ist.

283. Bei der Hyperbel $r^2 = \dfrac{-b^2}{1 - \lambda^2\cos^2\vartheta}$ ist ein Halbmesser r_1 gezogen, auf dem die zu ihr konjugierte Hyperbel den Halbmesser r_2 abschneidet. Zeige, daß

$$\frac{1}{r_1^2} - \frac{1}{r_2^2} = \frac{1}{a^2} - \frac{1}{b^2}$$

ist.

284. Für die obige Ellipse denjenigen Richtungswinkel zu finden, für welchen der zugehörige Fahrstrahl die Länge e hat.

Lösung: $$\operatorname{tg}\vartheta = \pm \frac{b^2}{a\sqrt{e^2 - b^2}},$$

also nur möglich, wenn $e \geqq b$.

285. In dem einen Brennpunkt der vorigen Ellipse wird auf der großen Achse das Lot errichtet. Es soll die Länge des nach seinem Schnittpunkte mit der Ellipse gehenden Leitstrahles berechnet werden.

Lösung: $$r = \sqrt{a^2 - b^2 \lambda^2}.$$

286. Wählt man einen Brennpunkt der Ellipse oder Hyperbel als Pol und die Richtung von ihm nach dem nächsten Scheitel der Kurve als Polarachse, so soll die Polargleichung angegeben werden.

Lösung: $$r = \frac{p}{1 + \lambda \cos\vartheta}, \text{ wo } p = \frac{b^2}{a} \text{ der Parameter ist.}$$

Für die Hyperbel liefert diese Gleichung nur den Zweig, innerhalb dessen der als Pol benutzte Brennpunkt liegt. Wie lautet für dasselbe Polarkoordinatensystem die Gleichung des andern Hyperbelzweiges?

Lösung: $$r = \frac{p}{\lambda \cos\vartheta - 1}.$$

287. Für zwei in derselben Geraden liegende Leitstrahlen r_1, r_2 der Ellipse oder eines Hyperbelzweiges gilt stets die Beziehung:

$$r_1 r_2 = \frac{p}{2}(r_1 + r_2),$$

wo das Polarkoordinatensystem dasselbe wie in Nr. 286 ist.

288. Welche Kurve ist durch die Gleichung

$$r = \frac{\cos\vartheta}{\cos 2\vartheta}$$

gegeben?

Lösung: Eine gleichseitige Hyperbel mit der Halbachse $\frac{a}{2}$, deren Mittelpunkt auf der Polarachse im Abstande $\frac{a}{2}$ vom Pole P liegt; die Polarachse ist die reelle Hyperbelachse und P Scheitelpunkt des einen Hyperbelzweiges. $\vartheta = 0$ liefert den Scheitel des anderen Zweiges.

289. Für die Kurve

$$r = \frac{a}{\sin\vartheta} + \frac{a}{\cos\vartheta}$$

eine Konstruktion zu finden und zu zeigen, daß sie eine gleichseitige Hyperbel mit den Asymptoten $r\sin\vartheta = a$ und $r\cos\vartheta = a$ ist.

Konstruktion: Im Abstande a von dem Pole O ziehe man die Senkrechte l_1 und die Parallele l_2 zur Polarachse. Ein durch O gehender Strahl mit der Amplitude ϑ treffe l_1 in C_1, l_2 in C_2, und es ist $OC_1 = \frac{a}{\cos\vartheta}$, $OC_2 = \frac{a}{\sin\vartheta}$. Trägt man $OC_1 = C_2P$ auf dem Leitstrahle von C_2 aus ab, so ist P ein Punkt der Kurve. — Trifft erst die Rückverlängerung des Leitstrahles über O hinaus die l_1 in C_1, so ist OC_1 negativ zu nehmen, und analog für OC_2.

§ 19. Geometrische Örter.

Im folgenden ist stets bezeichnet

mit k_e die Ellipse $\frac{x^2}{a_2} + \frac{y^2}{b_2} = 1$,

mit k_h die Hyperbel $\frac{x^2}{a^2} - \frac{y^2}{b^2} = 1$,

mit k_p die Parabel $y^2 = 2px$.

290. Von dem Punkt P des um O mit r beschriebenen Kreises wird das Lot PQ auf die Y-Achse gefällt und PQ über P hinaus um das λfache verlängert bis P'. Was ist der Ort von P', wenn P auf dem Kreis wandert?

Lösung: $x^2 + (1 + \lambda)^2 y^2 = (1 + \lambda)^2 r^2$.

291. Von dem auf der negativen Y-Achse liegenden Scheitel

S der Ellipse $b^2x^2 + a^2y^2 = a^2b^2$ wird die Sehne SP gezogen und über P hinaus

a) um das λfache verlängert bis P'. Was ist der Ort von P', wenn sich die Sehne um S dreht, und was ist

b) der Ort von Q, wenn Q Halbierungspunkt von SP ist?

Lösung: a) $$\frac{x^2}{(1+\lambda)^2 a^2} + \frac{(y - \lambda b)^2}{(1+\lambda)^2 b^2} = 1;$$

b) $$\frac{x^2}{\frac{a^2}{4}} + \frac{\left(y + \frac{b}{2}\right)^2}{\frac{b^2}{4}} = 1.$$

292. Durch den Punkt $P_1(x_1, y_1)$ werden Sekanten in die Ellipse k_e gezogen; jede darauf abgeschnittene Sehne wird halbiert. Was ist der Ort des Halbierungspunktes Q? [A, § 42].

Lösung: $$\frac{\left(x - \frac{x_1}{2}\right)^2}{\frac{b^2 x_1^2 + a^2 y_1^2}{4b}} + \frac{\left(y - \frac{y_1}{2}\right)^2}{\frac{b^2 x_1^2 + a^2 y_1^2}{4a^2}} = 1.$$

Was ergibt sich, wenn P_1 1) auf die Ellipse, 2) nach O, 3) ins Unendliche fällt, und 4) wenn $b = a = r$ ist?

293. Der auf der Ellipse k_e wandernde Punkt P wird auf die X-Achse nach Q projiziert; durch P wird eine Parallele zur X-Achse und durch Q eine Parallele zu OP gezogen. Was ist der Ort des Schnittpunktes dieser Parallelen?

Lösung: $$\frac{x^2}{4a^2} + \frac{y^2}{b^2} = 1.$$

294. Es ist ein Kreis k um O mit r gegeben; er schneidet die $+X$-Achse in A. Über OA ist ein zweiter Kreis k_1 beschrieben. Es soll der Ort für die Mittelpunkte aller Kreise gefunden werden, welche k und k_1 zugleich berühren.

Lösung: $$\frac{\left(x - \frac{r}{4}\right)^2}{\frac{9r^2}{16}} + \frac{y^2}{\frac{r^2}{2}} = 1.$$

295. Gesucht der Ort für den Mittelpunkt eines Kreises, der den Kreis um O vom Halbmesser r von innen und den Kreis vom Halbmesser $\frac{r}{3}$ um $\left(\frac{r}{3}, 0\right)$ von außen berührt.

Lösung: $$\frac{\left(x-\frac{r}{6}\right)^2}{\frac{4r^2}{9}}+\frac{y^2}{\frac{5r^2}{12}}=1.$$

296. Um O dreht sich $OP_1 = c_1$ mit der Winkelgeschwindigkeit w, um P_1 dreht sich $P_1P = c_2$ mit der Winkelgeschwindigkeit $-w$. Was ist der Ort von P, wenn P_1 und P im Anfang der Bewegung auf der $+$-X-Achse liegen und P_1 zwischen O und P liegt? (Fig 14.)

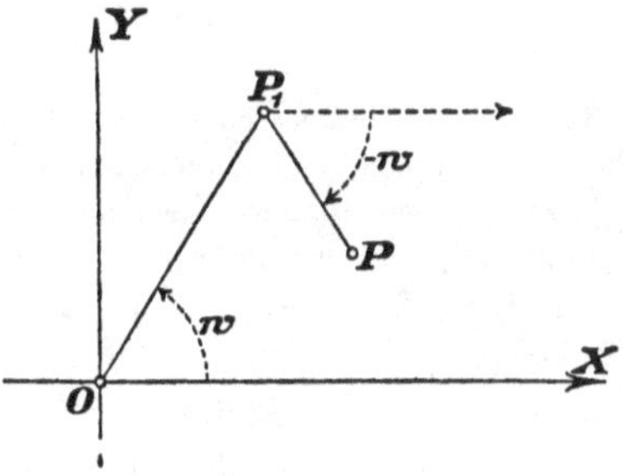

Fig. 14.

Lösung: $$\frac{x^2}{(c_1+c_2)^2}+\frac{y^2}{(c_1-c_2)^2}=1.$$

297. Der Punkt P der vorigen Aufgabe wird mit dem Punkt A_1 auf der $+$ X-Achse ($OA_1 = a_1$) verbunden. Was st der Ort des Halbierungspunktes Q von A_1P?

Lösung: $$\frac{\left(x-\frac{a_1}{2}\right)^2}{\left(\frac{c_1+c_2}{2}\right)^2}+\frac{y^2}{\left(\frac{c_1-c_2}{2}\right)^2}=1.$$

298. Von dem Punkt P der Ellipse k_e ist auf die Y-Achse das Lot PC gefällt und um sich selbst über P hinaus verlängert bis P_1. Es soll der Ort des Schnittpunktes der Geraden OP mit der Geraden AP_1 gefunden werden, wobei A der

auf der + X-Achse liegende Scheitel ist.

Lösung: $$y^2 = \frac{2b^2}{a}\left(x + \frac{a}{2}\right).$$

Wie liegt diese Parabel?

299. In dem auf der + X-Achse liegenden Scheitel de Ellipse k_e ist die Tangente gezogen. Von jedem ihrer Punkt ist auf seine zugehörige Polare das Lot gefällt. Was ist de Ort der Fußpunkte dieser Lote?

Lösung: $$\left(x - \frac{2a^2 - b^2}{2a}\right)^2 + y^2 = \frac{b^4}{4a^2}.$$

300. In dem einen Scheitel A_1 der großen auf der X-Achs liegenden Achse $(2a)$ einer Ellipse wird die Tangente A_1 gezogen. Der zunächst liegende Brennpunkt F_1 wird mi dem auf der Kurve wandernden Punkt P verbunden und vo P das Lot PT auf A_1T gefällt. Es ist der Ort des Schnitt punktes Q der Geraden A_1P und der Geraden F_1T zu finde

Lösung: $b^2(2ax - fx + a^2)^2 + a^2(f - a)^2y^2 = a^2b^2(x - f)^2.$

301. Auf der Achse der Parabel k_p sind in gleichen Ab ständen vom Scheitel O die Punkte A_1 und A_2 gegebe $(OA_1 = a)$. Der Punkt P bewegt sich auf der Kurve. A_2 schneidet die Scheiteltangente in S; durch S ist die Paralle SQ zu OA_1 gezogen. Was ist der Ort des Schnittpunkt dieser Parallelen mit A_1P?

Lösung: $\dfrac{(x-a)^2}{a^2} + \dfrac{y^2}{\frac{ap}{2}} = 1.$ Besonderer Fall: $a = \dfrac{p}{2}$.

302. Was ist der Ort des Höhenschnittpunktes in dem Dre eck A_1A_2P, wenn A_1A_2 eine Achse und P beweglicher Pun der Ellipse k_e ist? $(A_1A_2 = 2a)$. Besonderer Fall $b =$

Lösung: $$\frac{x^2}{a^2} + \frac{y^2}{\frac{a^4}{b^2}} = 1.$$

303. Zu der gleichen Ellipse führt auch die Aufgabe:

der Ellipse k_e bewegt sich eine Tangente. Sie wird als Polare des Hauptkreises $x^2 + y^2 = a^2$ betrachtet. Was ist der Ort ihres Poles?

304. In der Ellipse k_e bewegt sich die Sehne P_1P_2 parallel zur Y-Achse (s. Fig. 15); P_1P_2 schneidet die X-Achse in C. Was ist der Ort der Schnittpunktes R des B_1C mit OP_2, wenn B_1 der mit P_1 auf derselben Seite liegende Scheitel auf der Y-Achse ist?

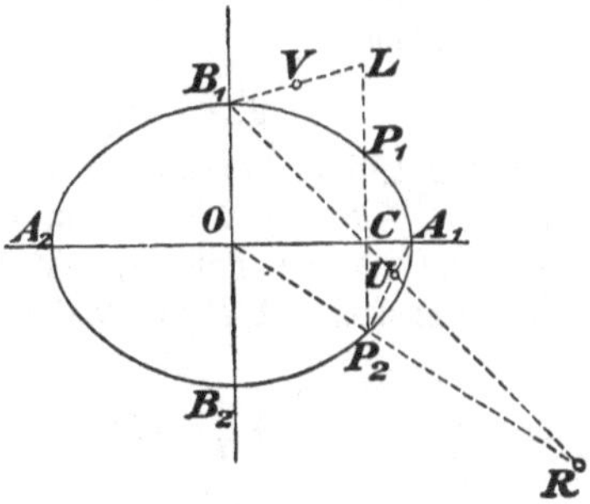

Fig. 15.

Lösung: $$x^2 = -\frac{2a^2}{b}\left(y - \frac{b}{2}\right).$$

305. Was ist (s. Nr. 304) der Ort des Schnittpunktes U der A_1P_2 mit B_1C? A_1 ist der Scheitel auf der $+X$-Achse (s. Fig. 15).

306. P_1C (s. Nr. 305) sei über P_1 hinaus verlängert um $P_1L = P_1C$, L sei mit B_1 verbunden, und es sei B_1L in V halbiert. Was ist der Ort von V?

Lösung: $$\frac{x^2}{\frac{a^2}{4}} + \frac{\left(y - \frac{b}{2}\right)^2}{b^2} = 1.$$

307. Der Punkt P bewegt sich auf der einen Leitlinie der Ellipse k_e; die zu P gehörige Polare sei QR. Vom Mittelpunkte O wird auf QR das Lot gefällt. Es soll der Ort des Schnittpunktes dieses Lotes mit QR gefunden werden.

Lösung: $$\left(x - \frac{e}{2}\right)^2 + y^2 = \frac{e^2}{4}.$$

308. Der auf der Ellipse k_e sich bewegende Punkt P wird

auf die Y-Achse projiziert; die Projektion Q wird mit dem auf der $+X$-Achse liegenden Scheitel A_1 verbunden. Es soll der Ort des Schnittpunktes S der A_1Q mit der OP gefunden werden.

Lösung: $$y^2 = -\frac{2b^2}{a}\left(x - \frac{a}{2}\right).$$

309. Die Ellipse k_e schneide die X-Achse in den Punkten A_1 und A_2; P sei ein auf der Kurve wandernder Punkt. Was ist der Ort für den Schwerpunkt 1) des Dreieckes A_1A_2P, 2) des Dreieckes OA_1P, wo O den Mittelpunkt bezeichnet?

Lösung: 1) $\dfrac{x^2}{\frac{a^2}{9}} + \dfrac{y^2}{\frac{b^2}{9}} = 1;$ 2) $\dfrac{\left(x - \frac{a}{3}\right)^2}{\frac{a^2}{9}} + \dfrac{y^2}{\frac{b^2}{9}} = 1.$

310. Über der zwischen den Brennpunkten gelegenen Strecke $F_1F_2 = 2e$ der Ellipse k_e als Durchmesser ist ein Kreis beschrieben. Um ihn bewegt sich eine ihn berührende Gerade. Es ist der Ort ihres Poles in bezug auf die Ellipse zu bestimmen.

Lösung: $$\frac{x^2}{\frac{a^4}{e^2}} + \frac{y^2}{\frac{b^4}{e^2}} = 1.$$

311. In der Ellipse k_e ist über OA_1 als Durchmesser ein Kreis beschrieben. An ihm bewegt sich eine Tangente. Was ist der Ort ihres in bezug auf die Ellipse genommenen Poles?

Lösung: $$y^2 = -\frac{4b^4}{a^3}(x - a).$$

312. Eine Gerade bewegt sich so, daß sie die Ellipse
$$\frac{x^2}{a^4} + \frac{y^2}{b^4} = \frac{1}{a^2 + b^2}$$
berührt. Was ist der Ort ihres Poles in bezug auf die Ellipse k_e?

Lösung: $$x^2 + y^2 = a^2 + b^2.$$

313. Der Punkt P der Ellipse k_e ist mit dem Brennpunkt F_1 verbunden; durch den F_1 benachbarten Scheitel A_1 auf der

X-Achse wird die Parallele A_1Q zu der durch P gehenden Normalen PN gezogen. Was ist der Ort des Schnittpunktes der PF_1 mit der A_1Q?

Lösung: $$(x-e)^2+y^2=\frac{a^2(a-e)^2}{e^2}.$$

314. Im Punkt P der Ellipse k_e ist die Normale gezogen, welche die große Achse $A_1A_2(=2a)$ in N trifft; verlängere PN um sich selbst über P bis R, ziehe OR und durch A_1 zu PN die Parallele. Was ist der Ort ihres Schnittpunktes mit OR, wenn P auf der Ellipse wandert?

Lösung: $$x=\frac{a(a^2+b^2)}{e^2}.$$

315. Durch den Punkt N der vorigen Aufgabe wird NQ parallel zur kleinen Achse und durch P eine Parallele zur großen Achse gezogen. Der Schnittpunkt Q der Parallelen wird mit O verbunden und zu OQ der konjugierte Durchmesser OQ' gezogen. Was ist der Ort seines Schnittpunktes mit der Geraden, welche durch den Scheitel A_1 parallel zu der in P gelegten Tangente gezogen wird?

Lösung: $$x=\frac{a^3}{b^2}.$$

316. Beweise, daß die Potenzlinie zwischen dem Direktorkreise der Ellipse k_e (Aufg. Nr. 204) und dem Kreise um den Brennpunkt F_1 mit dem Halbmesser $2a$ Leitlinie der Ellipse ist.

317. Gegeben sind zwei konfokale Ellipsen, bzw. zwei konfokale Hyperbeln

$$\frac{x^2}{a^2}\pm\frac{y^2}{b^2}=1 \text{ und } \frac{x^2}{a_1^2}\pm\frac{y^2}{b_1^2}=1.$$

Ein rechter Winkel bewegt sich so, daß der eine Schenkel die eine, der andere Schenkel die andere Ellipse berührt. Was ist der Ort der Spitze?

Lösung: $x^2+y^2=a^2\pm b_1^2$ oder $x^2+y^2=a_1^2\pm b^2$.

Bemerkung: Die oberen Vorzeichen beziehen sich auf die Ellipsen, die unteren auf die Hyperbeln.

318. Zu beweisen: Verändert sich ein Parallelogramm, das der Ellipse k_e umbeschrieben ist, derart, daß sein Umfang konstant bleibt, so bewegen sich die Eckpunkte in einer Ellipse, welche der gegebenen konfokal ist und deren Halbachsen a_1 und b_1 sich aus den Halbachsen der gegebenen Ellipse durch

$$a_1 = \sqrt{a(a+b)}, \quad b_1 = \sqrt{b(a+b)}$$

bestimmen.

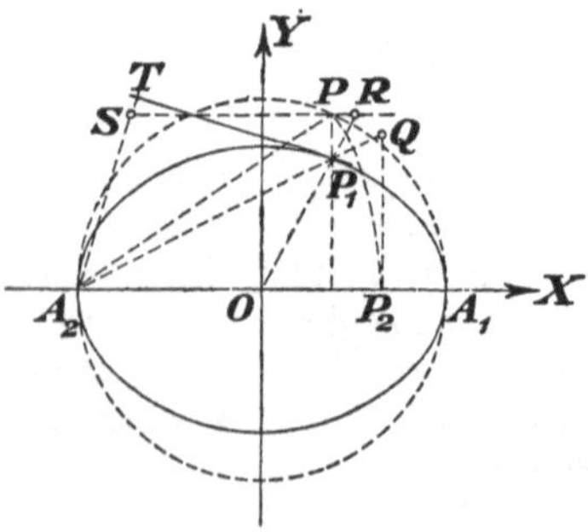

Fig. 16.

319. Über der großen Achse $A_1A_2 = 2a$ der Ellipse k_e ist ein Kreis beschrieben (Fig. 16). Von dem Punkt P des Kreises ist auf A_1A_2 das Lot PC gefällt, das die Ellipse in P_1 schneidet. Auf OA_1 ist P_2 so bestimmt, daß $A_2P_2 = A_2P$ ist. Was ist der Ort des Schnittpunktes Q der durch P_2 zu A_1A_2 gezogenen Senkrechten mit A_2P_1?

Lösung: $$\frac{(x+a)^2}{4a^2} + \frac{y^2}{4b^2} = 1.$$

320. Durch den Punkt P (s. Fig. 16) wird PR parallel zu OA_1 gezogen. Was ist der Ort des Schnittpunktes R der OP_1 mit PR?

Lösung: $$\frac{x^2}{\frac{a^4}{b^2}} - \frac{y^2}{a^2} = 1.$$

321. Durch A_2 (s. Fig. 16) wird zu der in P_1 gezogenen Tangente P_1T das Lot gefällt. Was ist der Ort seines Schnittpunktes S mit PR?

Lösung: $$\frac{(x+a)^2}{b^2} + \frac{y^2}{a^2} = 1.$$

322. Gegeben ist die Ellipse k_e, in derem Punkte P die Tangente PT und die Normale PN gezogen werden. Die kleine Achse wird von PN in N, von PT in T getroffen. Zu F_1N und F_2T werden Parallelen durch A_1, bzw. A_2 gezogen. Was ist der Ort des Schnittpunktes dieser Parallelen?

Lösung: $$x^2 + y^2 = a^2.$$

323. Durch den Punkt P der Ellipse k_e ist die Normale gezogen, welche die große Achse A_1A_2 in N_1 trifft. PN_1 wird über P hinaus um sich selbst verlängert bis P_1; P_1 wird mit dem Fußpunkt C des von P auf A_1A_2 gefällten Lotes verbunden. Was ist der Ort des Schnittpunktes der P_1C mit dem zu PN parallel gezogenen Durchmesser?

Lösung: $$\frac{x^2}{4a^2} + \frac{y^2}{\frac{4a^4}{b^2}} = 1.$$

324. Auf der X-Achse eines rechtwinkligen Koordinatensystems sind die Punkte F_1 und F_2 mit den Abszissen $+e$ und $-e$ gegeben. Um den Punkt F_2 ist ein Kreis mit dem Halbmesser r_2 beschrieben. Es soll der Ort des Punktes P gefunden werden, der sich so bewegt, daß die Differenz zwischen der von ihm an den Kreis gezogenen Tangente und der Länge der Tangente von P an den um F_1 mit dem Halbmesser r_1 beschriebenen Kreis eine gegebene Größe $2a$ hat $(e > a)$. Was ergibt sich für $r_1 = 0$?

Lösung: $$(f^2 - a^2)x^2 + \frac{fx}{2}(r^2 - r_1^2) - a^2y^2$$
$$= a^2(f^2 - a^2) - \tfrac{1}{16}(r^2 - r_1^2)^2 + \tfrac{1}{2}a^2(r^2 + r_1^2).$$

325. Eine Gerade bewegt sich so, daß sie beständig die Hyperbel k_h berührt. Was ist der Ort ihres Poles in bezug auf die Parabel $y^2 = 2ax$?

Lösung: $$\frac{x^2}{a^2} + \frac{y^2}{\frac{a^4}{b^2}} = 1.$$

326. Vom Mittelpunkte der Hyperbel k_h werden nach den Punkten $P, P_1, P_2, \ldots$ Sehnen gezogen und jede über $P, P_1 P_2, \ldots$

hinaus um das $\frac{m}{n}$ -fache verlängert. Was ist der geometrische Ort der Endpunkte dieser Verlängerungen?

Lösung: $$\frac{x^2}{a^2} - \frac{y^2}{b^2} = \frac{(m+n)^2}{n^2}.$$

327. Es ist ein Rechteck $OP_1P_2P_3$ gegeben, für welches $OP_1 = a$, $OP_3 = b$ ist. Ein Punkt P bewegt sich so, daß das Produkt seiner Abstände von den Gegenseiten OP_1 und P_2P_3 das m-fache des Produktes der Abstände von P_1P_2 und OP_3 ist. Was ist der Ort von P?

Lösung: Man wähle OP_1 als X- und OP_3 als Y-Achse. Dann erhält man $mx^2 \pm y^2 - max \mp by = 0$, wobei die oberen Vorzeichen oder die unteren zusammen zu nehmen sind.

328. Eine Gerade bewegt sich so, daß sie beständig Tangente an die Hyperbel k_h bleibt. Was ist der Ort ihres Poles

a) in bezug auf die Ellipse $b_1^2x^2 + a_1^2y^2 = a_1^2b_1^2$,

b) in bezug auf die Hyperbel $b_1^2x^2 - a_1^2y^2 = a_1^2b_1^2$?

Lösung: $$\frac{x^2}{\left(\frac{a_1^2}{a}\right)^2} - \frac{y^2}{\left(\frac{b_1^2}{b}\right)^2} = 1.$$

329. Ein Punkt P bewegt sich auf der einen Leitlinie der Hyperbel k_h. Die zu P gehörige Polare sei QR. Vom Mittelpunkt O der Kurve wird auf QR das Lot gefällt. Es soll der Ort des Fußpunktes ermittelt werden.

Lösung: $$\left(x - \frac{C}{2}\right)^2 + y^2 = \frac{C^2}{4}.$$

330. Auf der X-Achse eines rechtwinkligen Koordinatensystems liegen die beiden festen Punkte A_1 und A_2 in gleichen Abständen a von O. Durch A_1 und A_2 sind Parallelen zu der Y-Achse gezogen, welche von einer beweglichen, zur X-Achse parallelen Geraden in P_1 und P_2 geschnitten werden. Es wird A_1P_2 und A_2P_1 und zu A_2P_2 in A_1 das Lot gezogen, welches A_2P_1 in Q trifft. Was ist der Ort von Q?

Lösung: $$x^2 - y^2 = a^2.$$

331. Auf der gleichseitigen Hyperbel $x^2 - y^2 = a^2$, deren Scheitel A_1 und A_2 sind, bewegt sich ein Punkt P. Was ist der Ort des Höhenschnittpunktes des Dreiecks PA_1A_2?

Lösung: $$(x^2 - a^2)(x^2 - y^2 - a^2) = 0.$$

Diese Gleichung zerfällt in

$x^2 - a^2 = 0$ (Scheiteltangenten, parasitische Gebilde) und

$x^2 - y^2 - a^2 = 0$ (die ursprüngliche Hyperbel).

Inwiefern entspricht dieses letztere Ergebnis dem Satz vom Winkel im Halbkreis?

332. Auf der $+ X$-Achse ist der Punkt A_1 mit der Abszisse a gegeben. Auf der Y-Achse bewegt sich Punkt P_1. Durch P_1 wird die Parallele zur X-Achse gezogen und darauf in der Richtung der $+ X$-Achse $P_1P = A_1P_1$ abgetragen. Was ist der Ort von P?

Lösung: $$x^2 - y^2 = a^2.$$

333. Jeder Punkt der gleichseitigen Hyperbel $xy = c^2$ wird in der Richtung der Halbierungslinie des ersten Feldes um die Strecke $2s$ parallel verschoben. Die Gleichung der entstehenden Kurve ist zu ermitteln.

Lösung: $$(x - s\sqrt{2})(y - s\sqrt{2}) = c^2.$$

334. Gegeben ist die gleichseitige Hyperbel

$$x^2 - y^2 = a^2;$$

ihre Scheitel sind A_1 und A_2. Von dem auf der Hyperbel beweglichen Punkt Q ist das Lot QP_1 auf die Y-Achse gefällt und über Q hinaus um sich selbst verlängert bis P. Was ist der Ort des Schnittpunktes der A_1P mit der A_2P_1?

Lösung: $$y^2 = -2a\left(x + \frac{a}{2}\right).$$

335. In dem auf der Hyperbel k_h beweglichen Punkt P ist die Tangente gezogen. Es soll der Ort des Höhenschnittpunktes in dem von dieser Tangente, dem Durchmesser OP und der reellen Achse gebildeten Dreieck ermittelt werden. Was ist der Fall, wenn $b = a$ ist?

Lösung:
$$\frac{x^2}{a^2} - \frac{y^2}{\frac{a^4}{b^2}} = 1.$$

336. In der Hyperbel k_h ist die zu der reellen Achse senkrechte und bewegliche Sehne Q_1Q_2 gezogen. Q_1 ist mit dem Brennpunkte F_1, Q_2 mit F_2 verbunden. Es soll der Ort des Schnittpunktes P von F_1Q_1 und F_2Q_2 gefunden werden.

Lösung:
$$\frac{x^2}{e^4} + \frac{y^2}{e^2 b^2} = \frac{1}{a^2}.$$

337. Die reelle Achse der Hyperbel k_h ist Grundlinie eines Dreiecks, dessen Spitze sich auf der Kurve bewegt. Es soll der Ort a) des Schwerpunktes, b) des Höhenschnittpunktes des Dreiecks gefunden werden.

Lösung: a) $\frac{x^2}{\frac{a^2}{3^2}} - \frac{y^2}{\frac{b^2}{3^2}} = 1$, b) $\frac{x^2}{a^2} - \frac{y^2}{\frac{a^4}{b^2}} = 1.$

338. In dem beweglichen Punkte P der Hyperbel k_h ist die Normale gezogen, welche die reelle Achse A_1A_2 in N schneidet. PN ist über P hinaus um sich selbst verdoppelt bis P_1 und von P ist auf A_1A_2 das Lot PQ gefällt. Es soll der Ort für den Schnittpunkt der P_1Q mit dem zu der Normalen parallelen Durchmesser ermittelt werden.

Lösung:
$$\frac{x^2}{4a^2} - \frac{y^2}{\frac{4a^4}{b^2}} = 1.$$

339. Jeder Punkt einer Hyperbel k_h wird parallel zu einer gegebenen Richtung um die Strecke $2s$ verschoben. Es soll die Gleichung der entstehenden Kurve bestimmt werden.

Lösung: Sind x', y' die Koordinaten des um $2s$ verschobenen Punktes (x, y) und bildet die Verschiebungsrichtung den Winkel ϑ mit der positiven X-Achse, so ist
$$x' - x = 2s \cdot \cos\vartheta,\; y' - y = 2s \cdot \sin\vartheta,$$
und es ergibt sich als Gleichung der gesuchten Kurve:
$$\frac{(x' - 2s \cdot \cos\vartheta)^2}{a^2} - \frac{(y' - 2s \cdot \sin\vartheta)^2}{b^2} = 1.$$

340. Durch den Punkt $P_0(x_0, y_0)$ ist nach dem auf der beliebigen Hyperbel $xy = c$ liegenden Punkte P_1 der Strahl P_0P_1 gezogen. Er wird um sich selbst über P_1 hinaus bis P_2 verlängert. Was ist der Ort von P_2, wenn P_1 auf der Kurve wandert?

Lösung: $(x + x_0)(y + y_0) = 4c^2.$

341. Durch den Punkt P_0 wird eine Sekante an die Hyperbel k_h gezogen. Was ist der Ort des Halbierungspunktes der auf ihr abgeschnittenen Sehne, wenn sich die Sekante um P_0 dreht? [A, § 42.]

Lösung: $$\frac{\left(x - \frac{x_0}{2}\right)^2}{a^2} - \frac{\left(y - \frac{y_0}{2}\right)^2}{b^2} = \frac{x_0^2}{4a^2} - \frac{y_0^2}{4b^2}.$$

Besondere Fälle: 1. P_0 liegt auf k_h, 2. P_0 liegt in O, 3. P_0 fällt in das Unendliche, 4. Was bedeutet $a = b$?

Ist in der vorstehenden Aufgabe die beliebige Hyperbel durch die auf die Asymptoten als Achsen bezogene Gleichung $xy = c^2$ gegeben, so ist die Ortskurve $\left(x - \frac{x_0}{2}\right)\left(y - \frac{y_0}{2}\right) = \frac{x_0 y_0}{4}$. Was folgt daraus, daß diese Gleichung c nicht enthält?

342. Ein auf der Hyperbel k_h beweglicher Punkt P wird auf die Y-Achse nach Q projiziert, und es wird Q mit dem auf der $+X$-Achse liegenden Scheitel A_1 verbunden. Was ist der Ort des Schnittpunktes dieser Verbindungslinien mit dem vom Ursprung nach P gezogenen Strahl?

Lösung: $$y^2 = \frac{2b^2}{a}\left(x - \frac{a}{2}\right).$$

343. Eine Gerade bewegt sich so, daß sie beständig Tangente an den Kreis $x^2 + y^2 = r^2$ bleibt. Was ist der Ort ihres Poles in bezug auf die Hyperbel k_h und was ist der Fall, wenn $b = a = r$ ist?

Lösung: $$\frac{x^2}{a^4} + \frac{y^2}{b^4} = \frac{1}{r^2}.$$

344. An der Ellipse k_e gleitet eine Tangente; was ist der Ort ihres Poles in bezug auf die Hyperbel k_h?

Lösung: Die Ellipse k_e selbst.

345. Es soll der Ort des Poles der Tangenten an die Parabel $x^2 = 2py$ in bezug auf die Parabel $y^2 = 2px$ bestimmt werden.

Lösung: Die im 2. und 4. Quadranten gelegene gleichseitige Hyperbel $xy = -\frac{p^2}{2}$.

346. Vom Scheitel O der Parabel $y^2 = 2px$ werden Sehnen gezogen und es wird jede Sehne OP um das λfache bis P_1 verlängert. Was ist der Ort von P_1?

Lösung: $$y^2 = 2(1 + \lambda)px.$$

347. Vom Scheitel O der Parabel k_p werden Sehnen gezogen und es wird jede Sehne OP von O aus durch P_1 im Verhältnis $\lambda : 1$ geteilt. Was ist der Ort von P_1?

Lösung: $$y^2 = \frac{2\lambda}{1+\lambda} px.$$

348. Jeder Punkt in der Parabel k_p wird um die Strecke c in der Richtung einer Geraden, die mit der $+X$-Achse den Winkel α macht, verschoben. Was ist der Ort der erhaltenen Punkte?

Lösung: $$(y - c \sin\alpha)^2 = 2p(x - c\cos\alpha).$$

349. Die Ordinaten der Parabel k_p werden a) von der Achse aus im Verhältnis $\lambda : 1$ geteilt, b) um das λfache verlängert. Was ist der Ort des Teilpunktes, bzw. des Endpunktes der Verlängerungen?

Lösung: a) $$y^2 = \frac{2\lambda^2}{(\lambda + 1)^2} px,$$
b) $$y^2 = 2(\lambda + 1)^2 px.$$

350. Durch den Punkt $P_1(x_1, y_1)$ werden Sekanten an die Parabel k_p gezogen. Was ist der Ort der Halbierungspunkte der auf ihnen abgeschnittenen Sehnen?
(Siehe [A, § 44.])

Lösung: $$\left(y - \frac{y_1}{2}\right)^2 = p\left(x + \frac{y_1^2}{4p} - x_1\right).$$

351. Durch einen beliebigen Punkt P der Parabel k_p wird das Lot auf die X-Achse gefällt bis zum zweiten Schnittpunkt P_1 mit der Kurve. Durch P wird die Parallele zur Achse,

durch P_1 eine Gerade unter dem Winkel α gegen die Achse gezogen; was ist der Ort des Schnittpunktes dieser Geraden?

Lösung: $(y + 2p \cdot \cot\alpha)^2 = 2p\,(x + 2p\cot^2\alpha)$.

352. Der auf der Parabel k_p bewegliche Punkt P wird auf die X-Achse senkrecht nach Q projiziert. Durch P wird die Parallele zur Achse, durch Q die Parallele zu OP gezogen. Gesucht wird der Ort des Schnittpunktes beider Parallelen.

Lösung: $y^2 = px$.

353. Vom Brennpunkt der Parabel k_p werden Strahlen nach den Punkten der Kurve gezogen und jeder wird um sein λfaches verlängert. Was ist der Ort der Endpunkte der Verlängerungen?

Lösung: $y^2 = 2p\,(\lambda + 1)\left(x + \frac{\lambda p}{2}\right)$.

354. Es soll der Ort der Mittelpunkte aller Kreise, die eine gegebene Gerade und einen gegebenen Kreis (diesen von außen) berühren, gefunden werden.

Man nehme die Gerade als Y-Achse und das Lot FO vom Mittelpunkt F dieses Kreises auf sie als X-Achse. Es sei $FO = c$, der Kreishalbmesser r.

Lösung: $y^2 = 2\,(r + c)\left(x + \frac{r - c}{2}\right)$. (Probe aus $r = 0$.)

355. Den Ort für den Mittelpunkt eines Kreises zu finden, der eine gegebene Gerade berührt und einen gegebenen Kreis vom Halbmesser r rechtwinklig schneidet.

Die Gerade sei Y-Achse, das Lot vom Mittelpunkt auf sie sei X-Achse, die Abszisse des Mittelpunktes sei c.

Lösung: $y^2 = 2c\left(x + \frac{r^2 - c^2}{2c}\right)$. (Probe aus $r = 0$.)

356. Zu der X-Achse ist die Parallele l im Abstand b gezogen. Der Nullpunkt ist mit dem Punkt P' auf l' verbunden, durch P' ist die Parallele zu der Y-Achse und auf OP' in O das Lot gezogen. Welchen Ort beschreibt der Schnittpunkt P dieser beiden Geraden, wenn P' auf l wandert?

Lösung: $x^2 = -by$.

357. Über $BC = a$ steht das Dreieck ABC mit der zu BC gehörigen Höhe h. Welchen Ort beschreibt der Höhenschnitt H des Dreiecks, wenn A sich auf einer Parallelen zu BC bewegt? (BC sei $+X$-Achse, B Nullpunkt.)

Lösung: $$\left(x - \frac{a}{2}\right)^2 = -h\left(y - \frac{a^2}{4h}\right).$$

358. In dem auf der Parabel $y^2 = 2px$ wandernden Punkt P ist die Tangente gezogen, welche die Y-Achse in P_1 trifft. Was ist der Ort des Schnittpunktes der Mittellote auf OP und OP_1 (Umkreismittelpunkt des Dreiecks OPP_1)?

Lösung: $$y^2 = \frac{p}{4}\left(x - \frac{p}{2}\right).$$

359. Auf der Geraden $y = b$ bewegt sich der Punkt P. Von P wird das Lot auf seine in bezug auf die Parabel $y^2 = 2px$ genommene Polare gefällt. Was ist der Ort des Fußpunktes dieses Lotes?

Lösung: $$y(p^2 - b^2) + 2bpx = p^2 b.$$

360. Ein um O mit r beschriebener Kreis trifft die $+X$-Achse in A; von dem auf dem Kreis beweglichen Punkt P wird das Lot PB auf die Y-Achse gefällt und um sich selbst über P hinaus verlängert bis P_1. Was ist der Ort des Schnittpunktes von OP und AP_1?

Lösung: $$y^2 = 2r\left(x + \frac{r}{2}\right).$$

361. Auf dem um O mit r beschriebenen Kreis bewegt sich der Punkt P, die durch ihn gezogene Tangente schneidet das im Schnittpunkt A des Kreises mit der $+X$-Achse errichtete Lot in C. Durch C ist die Parallele zur X-Achse gezogen; sie schneidet die OP in Q. Es soll der Ort von Q gefunden werden.

Lösung: $$y^2 = -2r\left(x - \frac{r}{2}\right).$$

362. Von dem auf der Parabel k_p wandernden Punkt P wird auf die Scheiteltangente das Lot PB gefällt und dieses um sich selbst über B hinaus verlängert bis Q; Q wird mit O

verbunden. Die durch P zu OQ gezogene Parallele schneidet die Parabel in P_1. Was ist der Ort der Mitte von PP_1?

Lösung: $y^2 = \frac{1}{5} p x.$

363. Durch den Scheitel O der Parabel $y^2 = 2px$ wird eine Sehne OP und zu dieser der zugeordnete Durchmesser gezogen. Von seinem Schnittpunkt mit der Leitlinie wird das Lot auf OP gefällt. Es soll der Ort des Fußpunktes gefunden werden.

Lösung: $\left(x - \frac{p}{4}\right)^2 + y^2 = \frac{p^2}{16}.$

364. In dem Punkt P der Parabel k_p ist die Normale PN gezogen; P ist mit dem Brennpunkt F verbunden und durch den Scheitel O ist zu PN die Parallele gezogen, die FP in Q trifft. Was ist der Ort von Q, wenn P sich auf der Parabel bewegt?

Lösung: $\left(x - \frac{p}{2}\right)^2 + y^2 = \frac{p^2}{4}.$

365. Gegeben ist ein Kreis um O mit dem Halbmesser r, der die $+X$-Achse in A schneidet. Über OA als Durchmesser ist ein zweiter Kreis beschrieben. An diesem gleitet eine Tangente. Welchen Ort beschreibt ihr in bezug auf den Kreis um O genommener Pol?

Lösung: $y^2 = -4r(x - r).$

366. Durch einen Punkt $P_0(x_0|y_0)$ ist eine Gerade gezogen, welche die Leitlinie der Parabel $y^2 = 2px$ in L trifft. Auf P_0L ist in L das Lot errichtet. Was ist der Ort des Halbierungspunktes M der auf diesem Lot von der Parabel ausgeschnittenen Sehne P_1P_2? (S. Fig. 17.)

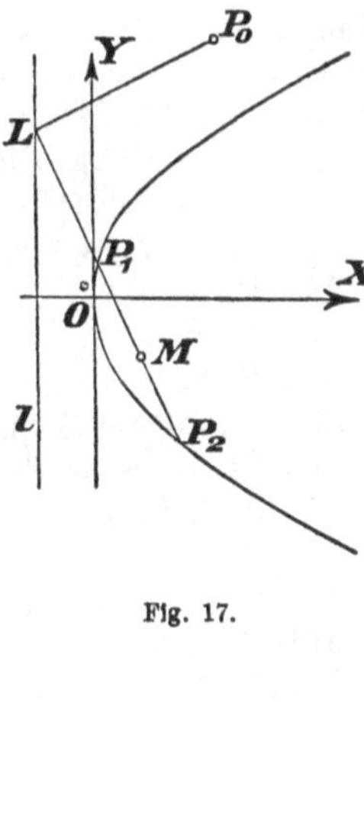

Fig. 17.

Lösung: $y^2(p-2x_1)-2py_1y=p^2\left(x+\frac{p}{2}\right).$

367. Was ist in bezug auf die Parabel k_p der Ort des Poles einer Geraden, welche die Parabel $x^2=2py$ berührt?

Lösung: $xy=-\frac{p^2}{2}.$

368. An die Parabel k_p ist in P die Tangente gezogen. Was ist der Ort ihres in bezug auf den um O mit r beschriebenen Kreis genommenen Poles?

Lösung: $y^2=-\frac{2r^2}{p}x.$

§ 20. Konstruktionsaufgaben.

Die nachfolgenden Aufgaben können als gelöst angesehen werden, wenn die beiden Achsen, oder die eine Achse und die Brennpunkte gefunden sind.

Bezeichnungen: l_1, l_2 Leitlinien; F_1, F_2 zugehörige Brennpunkte; S_1, S_2 Scheitel; $P, P_1, P_2, \ldots$ Kurvenpunkte; $t, t_1, t_2, \ldots$ Tangenten; t_s Scheiteltangente; O Mittelpunkt; A_1A_2 Haupt- und B_1B_2 Nebenachse; $2a$ Länge der Haupt-, $2b$ Länge der Nebenachse; $2p$ Parameter; e lineare Exzentrizität.

Es soll die Ellipse bzw. Hyperbel konstruiert werden, wenn gegeben sind:

369. F_1, P_1, P_2, a.
370. F_1, F_2, P.
371. F_1, F_2, t.
372. F_1, t_1, t_2, a.
373. F_1, Richtung A_1A_2, t, P auf t.
374. F_1, Richtung A_1A_2, t, $2a$.
375. F_1, t_1, t_2, b.
376. A_1A_2, P.
377. O, Richtung B_1B_2, b, P.
378. A_1A_2, t.
379. F_1, t, P auf t, a.

380. F_1, Richtung A_1A_2, t_1, t_2.
381. F_1, t_1, t_2, P_1 auf t_1.
382. F_1, t, a, e.
383. F_1, P, t, a.
384. F_1, l_1, P.
385. F_1, P_1, P_2, P_3. (Eine beliebige Sehne wird von der Leitlinie im Verhältnis der nach den Endpunkten gehenden Brennstrahlen geteilt.)
386. F_1, l, t. (F_1 mit dem Schnittpunkt der l und t verbinden und auf der Verbindungslinie in F_1 das Lot errichten.)
387. A_1A_2, Punkt P von l_1.
388. F_1, t_1, t_2, t_3.
389. F_1, t, a, e.
390. O, a, b, t.
391. F_1, l_1, P.
392. F_1, $t_1 \parallel t_2$, a. (Satz: Das Produkt der beiden Abstände eines Brennpunktes von t_1 und t_2 ist b^2.)

Bezeichnen noch t_∞, t'_∞ die beiden Asymptoten, 2φ den Asymptotenwinkel, so ist die Hyperbel zu konstruieren, wenn gegeben sind:

393. a, φ.
394. e, φ.
395. b, φ.
396. F_1, a, t_∞.
397. a, t_∞, t'_∞.
398. O, t_∞, P_1, P_2.
399. F_1, t, t_∞.
400. P, t_∞, t'_∞.
401. t, t_∞, t'_∞.
402. P_1, P_2, P_3, t_∞.
403. t_1, t_2, t_3, t_∞.

Die nachfolgenden Konstruktionsaufgaben der Parabel können als gelöst angesehen werden, wenn der Brennpunkt und die Leitlinie bestimmt sind.

Bezeichnungen: a = Parabelachse, l = Leitlinie, F = Brennpunkt, S = Scheitel, $P, P_1, P_2 \ldots$ Kurvenpunkte, $t, t_1, t_2 \ldots$ Tangenten, t_s = Scheiteltangente, $2p$ = Parameter.

404. F, a, P.
405. F, a, t.
406. F, P_1, P_2.
407. F, t_1, t_2.
408. F, p, P.
409. F, t, P.
410. F, t, P auf t.
411. l, t_1, t_2.
412. l, t, P auf t.
413. l, P, t, P_1 nicht auf t.
414. l, a, P.
415. l, t_s, t.
416. a, P, t_s.
417. a, P, S.
418. a, t, P auf t.
419. a, S, t.
420. a, P_1, P_2.
421. a, p, P.
422. t_s, t, P auf t.
423. t_1, t_2, P_1 auf t_1, P_2 auf t_2.
424. t_1, t_2, t_s.
425. t, t_s, p.
426. t_1, t_2, t_3, a (der Umkreis des Tangentendreiecks geht durch den Brennpunkt, Aufg. 273).
427. t_1, t_2, t_3, t_4.
428. Parallel einer gegebenen Geraden eine Normale an eine Parabel zu ziehen.

§ 21. Kegelschnittbüschel.

429. In wievielen Punkten schneiden sich die beiden Kegelschnitte

$$f(x, y) = a_{11}x^2 + 2a_{12}xy + a_{22}y^2 + 2a_{13}x + 2a_{23}y + a_{33} = 0,$$
$$g(x, y) = b_{11}x^2 + 2b_{12}xy + b_{22}y^2 + 2b_{13}x + 2b_{23}y + b_{33} = 0?$$

Lösung: Man schreibe die Gleichungen in der Form $a_{11}x^2 + 2(a_{12}y + a_{13})x + \varphi(y) = 0$, $b_{11}x^2 + 2(b_{12}y + b_{13})x + \psi(y) = 0$ und löse sie nach x^2 und x als Unbekannten auf:

$$x^2 = -\begin{vmatrix} \varphi(y) & a_{12}y + a_{13} \\ \psi(y) & b_{12}y + b_{13} \end{vmatrix} : N, \quad x = -\tfrac{1}{2}\begin{vmatrix} a_{11} & \varphi(y) \\ b_{11} & \psi(y) \end{vmatrix} : N,$$
$$\text{wo } N = \begin{vmatrix} a_{11} & a_{12}y + a_{13} \\ b_{11} & b_{12}y + b_{13} \end{vmatrix}$$

ist. Quadriert man den Wert von $x = -\frac{1}{2N}(a_{11}\psi - b_{11}\varphi)$, so muß das Quadrat gleich dem Werte von x^2 sein, woraus sich eine Gleichung 4. Grades in y ergibt. Jede Wurzel dieser Gleichung liefert für y in den Wert für x eingesetzt, einen Wert von x. Also gibt es im allgemeinen 4 Schnittpunkte, die entweder sämtlich reell oder sämtlich imaginär sind oder von denen zwei reell und zwei komplex sind. Die Gleichung 4. Grades in y reduziert sich für zwei Kreise auf eine Gleichung 2. Grades, was man so auffassen kann, daß zwei Wurzeln der Gleichung 4. Grades unendlich groß geworden sind, d. h. zwei Kreise schneiden sich nur in 2 im Endlichen gelegenen Punkten, während die beiden andern im Unendlichen liegen.

430. Die Gleichung 4. Grades in der vorigen Aufgabe reduziert sich auf eine solche 3. Grades, wenn beide Kegelschnitte e i n e gemeinsame Asymptotenr i c h t u n g haben. Man sagt dann, daß von den 4 Schnittpunkten zweier Kegelschnitte einer im Unendlichen liegt.

Lösung: Der Koeffizient von y^4 muß verschwinden, das ergibt:

$$\frac{1}{2}\,\frac{a_{11}b_{22} - b_{11}a_{22}}{a_{12}b_{22} - b_{12}a_{22}} = 2\,\frac{a_{12}b_{22} - b_{12}a_{22}}{a_{11}b_{22} - b_{11}a_{22}}.$$

Nach [A, § 33] bestimmen sich für rechtwinklige Koordinaten die Asymptotenrichtungen beider Kegelschnitte aus den Gleichungen:

$$a_{22}\cdot \operatorname{tg}^2\vartheta + 2a_{12}\operatorname{tg}\vartheta + a_{11} = 0,$$
$$b_{22}\cdot \operatorname{tg}^2\vartheta + 2b_{12}\operatorname{tg}\vartheta + b_{11} = 0.$$

Sollen beide Gleichungen dieselben Wurzeln besitzen, so erhält man aus ihnen durch Elimination von $\operatorname{tg}^2\vartheta$ die Gleichungen:

$$2(a_{12}b_{22} - b_{12}a_{22})\operatorname{tg}\vartheta + a_{11}b_{22} - b_{11}a_{22} = 0,$$
$$(a_{11}b_{22} - b_{11}a_{22})\operatorname{tg}\vartheta + 2(a_{11}b_{12} - b_{11}a_{12}) = 0,$$

aus denen sich, da beide Gleichungen den gleichen Wert von tg ϑ liefern müssen, die obige Beziehung zwischen den Koeffizienten a und b ergibt, womit die Behauptung erwiesen ist. Die Kegelschnitte haben dann nur drei Schnittpunkte gemeinsam.

Es ist möglich, daß auch der Koeffizient von y^3 verschwindet und also beide Kegelschnitte nur zwei Schnittpunkte haben. Dies tritt zum Beispiel ein, wenn beide Asymptoten des einen Kegelschnittes denen des andern parallel sind: $a_{11} : a_{12} : a_{22} = b_{11} : b_{12} : b_{22}$ — diese Bedingung trifft u. a. für zwei Kreise stets zu, oder wenn beide Kegelschnitte eine gemeinsame Asymptote (nicht nur eine gemeinsame Asymptotenrichtung) haben. Schließlich ist es möglich, daß die beiden Kegelschnitte nur einen oder keinen Schnittpunkt haben.

431. Sind noch $l_\nu = A_\nu x + B_\nu y + C_\nu = 0$ ($\nu = 1, 2, 3, 4$) die Gleichungen von Geraden und bezeichnet λ einen veränderlichen Zahlenfaktor, der alle reelle Zahlen durchläuft, so ist zu zeigen, daß darstellt

1. $f + \lambda g = 0$ alle Kegelschnitte, die durch die Schnittpunkte von $f = 0$ und $g = 0$ gehen;

2. $f + \lambda l_1 l_2 = 0$ alle Kegelschnitte, die durch die Schnittpunkte von $f = 0$ mit den beiden Geraden $l_1 = 0$, $l_2 = 0$ gehen;

3. $f + \lambda l_1^2 = 0$ alle Kegelschnitte, die den Kegelschnitt $= 0$ in seinen Schnittpunkten mit der Geraden $l_1 = 0$ berühren;

4. $l_1 l_2 + \lambda l_3 l_4 = 0$ alle Kegelschnitte, die durch die Schnittpunkte des Geradenpaares $l_1 = 0, l_2 = 0$ mit dem Geradenpaare $l_3 = 0$, $l_4 = 0$ gehen;

5. $l_1 l_2 + \lambda l_3^2 = 0$ alle Kegelschnitte, die das Geradenpaar $l_1 = 0$, $l_2 = 0$ in seinen Schnittpunkten mit $l_3 = 0$ berühren.

In allen Fällen erhält man für einen bestimmten Wert von λ einen bestimmten Kegelschnitt.

Definition. In jedem dieser fünf Fälle sagt man: die sämtlichen für $\lambda = -\infty$ bis $\lambda = +\infty$ sich ergebenden Kegelschnitte bilden ein Kegelschnittbüschel.

432. Wie muß λ gewählt werden, daß der Kegelschnitt in Nr. 431 (1)

a) durch O geht,

b) durch den Punkt $P_0(x_0, y_0)$ geht,

c) die Strecke zwischen den Punkten $P_1(x_1, y_1)$ und $P_2(x_2, y_2)$ im Verhältnis $\varkappa : 1$ teilt,

d) eine Ellipse, Parabel, Hyperbel ist,

e) eine Ellipse oder Hyperbel ist, deren Achsen den Koordinatenachsen parallel sind?

Lösung: a) $a_{33} + \lambda b_{33} = 0$,

b) $f(x_0, y_0) + \lambda g(x_0, y_0) = 0$,

c) $$\lambda = -\frac{f(x_1, y_1) + 2\varkappa[f'(x_1, y_1) \cdot x_2 + f''(x_1, y_1) \cdot y_2 + f'''(x_1, y_1)] + \varkappa^2 f(x_2, y_2)}{g(x_1, y_1) + 2\varkappa[g'(x_1, y_1) \cdot x_2 + g''(x_1, y_1) \cdot y_2 + g'''(x_1, y_1)] + \varkappa^2 g(x_2, y_2)},$$

d) Je nachdem $(a_{12} + \lambda b_{12})^2 - (a_{11} + \lambda b_{11})(a_{22} + \lambda b_{22}) \gtreqless 0$ ist.

e) $a_{12} + \lambda b_{12} = 0$, aber $a_{11} b_{12} - a_{12} b_{11}$ und $a_{22} b_{12} - a_{12} b_{22} \neq 0$. Je nachdem die beiden letzten Ausdrücke gleiches oder entgegengesetztes Vorzeichen haben, liegt eine Ellipse oder Hyperbel vor.

433. Gegeben ist ein Kreis f um O mit dem Radius r und eine zu der X-Achse parallele Gerade $l = b$. Es soll durch die Schnittpunkte des Kreises mit der Geraden und mit der X-Achse

1. eine Parabel,

2. eine gleichseitige Hyperbel, deren reelle Achse parallel der X-Achse ist,

3. eine Ellipse, deren Mittelpunkt im Abstand $\frac{b}{3}$ von O liegt, gelegt werden.

Lösung: Die Gleichung der gesuchten Kurve lautet:

$$x^2 + (1 + \lambda) y^2 - \lambda b y - r^2 = 0,$$

wo λ die Werte -1, -2, 2 hat.

Untersuche jede der gefundenen Kurven für den Fall, daß $b = r$ ist.

434. Gegeben ist ein Kreis vom Halbmesser r, dessen

Mittelpunkt auf der $+Y$-Achse liegt, und der die X-Achse in O berührt, ferner die beiden Geraden $x = \frac{r}{2}$, $y = \frac{r}{2}$. Sie sind Asymptoten einer gleichseitigen Hyperbel, die durch O geht. Es sollen die Gleichungen der Parabeln gefunden werden, welche durch die Schnittpunkte beider Kurven gehen. Welche Stücke schneiden diese Parabeln auf den Koordinatenachsen ab und wie lauten die Gleichungen ihrer Tangenten in O?

Lösung: Man erhält die beiden Kurven:

$$x^2 + 2xy + y^2 - rx - 3ry = 0,$$
$$x^2 - 2xy + y^2 + rx - ry = 0,$$

von denen die erste eine Parabel ist, während die zweite in die beiden Parallelen $x - y = 0$ und $x - y + r = 0$ zerfällt.

435. Durch die Schnittpunkte der Geraden

1. $x - 3y - 12 = 0$, 2. $2x - 5y + 10 = 0$

mit den Geraden

3. $y - 4 = 0$, 4) $3x + y - 6 = 0$

soll ein Kegelschnitt gelegt werden, der

a) durch O geht,

b) auf der X-Achse ein Stück von der Länge $\sqrt{74}$ abschneidet,

c) eine Parabel ist,

d) die Y-Achse berührt.

Lösung: Die gesuchte Gleichung ist von der Form

$$l_1 l_2 + \lambda l_3 l_4 = 0;$$

hierbei hat λ den Wert

a) 5, b) $-\frac{7}{6}$, c) $\frac{37 \pm 4\sqrt{85}}{9}$, d) $195 \pm 60\sqrt{10}$.

436. Durch fünf Punkte $P_\nu(x_\nu, y_\nu)$, $\nu = 1, \ldots, 5$ soll ein Kegelschnitt gelegt werden.

Lösung: Man bestimme die Geraden $P_1P_2 = l_1$, $P_2P_3 = l_2$, $P_3P_4 = l_3$, $P_4P_1 = l_4$ und bestimme dann in $l_1l_2 + \lambda l_3 l_4 = 0$ den Parameter so, daß der Kegelschnitt noch durch P_5 geht.

437. Gegeben ist die Parabel $y^2 = 2px$ und die Gerade $x = a$. Es soll die Gleichung eines Kreises gefunden werden,

der die Parabel in den Schnittpunkten mit der Geraden berührt.

Lösung: $x^2 + y^2 - 2(a + p)x + a^2 = 0.$

Welche Berührungsart entsteht, wenn $a = 0$ wird?

438. Es soll eine gleichseitige Hyperbel durch die Schnittpunkte der Geraden mit der Parabel in der vorigen Aufgabe so gelegt werden, daß sie die Parabel in ihren Schnittpunkten mit der Geraden berührt und ihre Achsen parallel den Koordinatenachsen sind.

Lösung: $y^2 - (x - [a - p])^2 = p(2a - p).$

Untersuchung für $2a \gtreqless p$ und für $a = 0$.

439. Die Gleichung einer Parabel zu finden, welche die X-Achse und die Halbierungslinie des ersten und dritten Feldes in den Schnittpunkten mit der Geraden $x - a = 0$ berührt. Was ist der Fall, wenn $a = 0$ wird?

Lösung: $x^2 - 4xy + 4y^2 - 2ax + a^2 = 0.$

440. Die Gleichung eines Kreises zu finden, der durch die Schnittpunkte der Geraden

1. $y - 3 = 0$, 2. $y - x = 0$, 3. $y - 5x - 12 = 0$

geht.

Lösung: Der durch die Gleichung

$$l_1 l_2 + \lambda_1 l_2 l_3 + \lambda_2 l_3 l_1 = 0$$

dargestellte Kegelschnitt geht durch die Schnittpunkte von $l_1 = 0$, $l_2 = 0$, $l_3 = 0$. Er ist ein Kreis, wenn die Faktoren von x^2 und y^2 einander gleich und der Faktor von xy Null ist. Hieraus bestimmen sich λ_1 und λ_2.

$$5x^2 + 5y^2 - 6x + 6y - 90 = 0.$$

441. Die Gleichung des Kreises zu finden, der die Hyperbel $x^2 - 4y^2 = 1$ in ihren Schnittpunkten mit der Geraden $2y - 3 = 0$ berührt.

Lösung: Der Kreis ist enthalten in der Gleichung

$$x^2 - 4y^2 - 1 + \lambda(2y - 3)^2 = 0.$$

Da für den Kreis die Koeffizienten von x^2 und y^2 gleich sein müssen folgt $\lambda = \frac{5}{4}$, also

$$x^2 + \left(y - \frac{15}{2}\right)^2 = 46.$$

442. Die Gleichung einer Hyperbel zu finden, welche den Kegelschnitt

$$1.\quad 3x^2 - 2xy + 5y^2 - x + y = 0$$

in den Schnittpunkten mit der Geraden

$$2.\quad x - 2y + 1 = 0$$

berührt, und für welche die eine Asymptote parallel zur X-Achse ist.

Lösung: $10xy - 7y^2 - 7x + 13y - 3 = 0.$

443. Auf der X-Achse ist ein Punkt mit der Abszisse $+1$ und auf der Y-Achse ein Punkt mit der Ordinate $+2$ gegeben.

a) Es soll die Gleichung der Parabel gefunden werden, welche die Koordinatenachsen in diesen Punkten berührt.

b) Es soll der Ort der Mittelpunkte aller Zentralkegelschnitte gefunden werden, welche die Koordinatenachsen in diesen Punkten berühren.

Lösung: a) $4x^2 - 4xy + y^2 - 8x - 4y + 4 = 0$
und $(2x + y - 2)^2 = 0,$ Doppelgerade;
b) $y = 2x.$

444. Die Hyperbel $f = 3x^2 + 2xy - y^2 + 8x + 10y + 14 = 0$ wird von der Geraden $5x - y - 2 = 0$ in P_1, P_2 geschnitten. Es ist die Gl. einer Parabel zu bestimmen, welche die Hyperbel in P_1 und P_2 berührt.

Lösung: Die Parabel ist enthalten in $f + \lambda(5x - y - 2) = 0$ für $\lambda = -\frac{1}{3}$:

$$8x^2 - 8xy + 2y^2 - 22x - 13y - 19 = 0.$$

445. Gegeben sind die Kegelschnitte

$$1.\quad 4(x-2)^2 + 25y^2 = 100,$$

$$2.\quad 9x^2 - 16(y-3)^2 = 144.$$

a) Welches ist die Gleichung einer beliebigen Linie 2. Grades, die durch die Schnittpunkte von 1. und 2. geht?

b) Unter welcher Bedingung ist diese Linie ein Kreis?

c) Was ist der Ort der Mittelpunkte aller möglichen durch die Schnittpunkte von 1. und 2. gehenden Zentralkegelschnitte?

Lösung: a) $4(x-2)^2 + 25y^2 - 100$
$+ \lambda(9x^2 - 16[y-3]^2 - 144) = 0,$
b) $\lambda = \frac{21}{25}$,
c) $289xy - 192x - 128y + 384 = 0.$

446. Die Gleichung einer Parabel zu finden, welche den Kreis um O mit r in seinen Schnittpunkten mit der $+X$- und $+Y$-Achse berührt.

Lösung: Aus den Parabeleigenschaften § 44 folgt, daß die Halbierende des 1. u. 3. Quadranten die Achse der Parabel (x' Achse), die dazu Senkrechte durch den Punkt (r, r) ihre Leitlinie (y'-Achse) und der Punkt $\left(\frac{r}{\sqrt{2}}, \frac{r}{\sqrt{2}}\right)$ ihr Brennpunkt ist. Folglich

$$y'^2 = r\sqrt{2}\cdot x'$$

und durch Transformation auf die alten Achsen:

$$x^2 - 2xy + y^2 + 2r(x+y) - 3r^2 = 0.$$

447. Die Gleichung eines Kreises zu finden, der die Hyperbel $x^2 - 4y^2 = 1$ in ihren Schnittpunkten mit der Geraden $2y - 3 = 0$ berührt.

Lösung: $x^2 - 4y^2 - 1 + \lambda(2y-3)^2 = 0$, wobei $\lambda = \frac{5}{4}$.

448. Wie findet man

a) die Parabeln, die in dem Kegelschnittbüschel $f + \lambda g = 0$ enthalten sind,

b) die Geradenpaare desselben,

c) den Ort der Mittelpunkte der Zentralkegelschnitte des Büschels?

Lösung:

a) Zwei Parabeln, für die λ gleich den Wurzeln von

$$(a_{12} + \lambda b_{12})^2 - (a_{11} + \lambda b_{11})(a_{22} + \lambda b_{22}) = 0 \quad \text{ist.}$$

b) Drei Geradenpaare, für die λ gleich den Wurzeln von

$$\begin{vmatrix} a_{11} + \lambda b_{11} & a_{12} + \lambda b_{12} & a_{13} + \lambda b_{13} \\ a_{12} + \lambda b_{12} & a_{22} + \lambda b_{22} & a_{23} + \lambda b_{23} \\ a_{13} + \lambda b_{13} & a_{23} + \lambda b_{23} & a_{33} + \lambda b_{33} \end{vmatrix} = 0.$$

c) Durch Elimination von λ aus

$$\begin{vmatrix} a_{13} + \lambda b_{13} & a_{12} + \lambda b_{12} \\ a_{23} + \lambda b_{23} & a_{22} + \lambda b_{22} \end{vmatrix} : \delta = -x_0,$$

$$\begin{vmatrix} a_{11} + \lambda b_{21} & a_{12} + \lambda b_{13} \\ a_{21} + \lambda b_{21} & a_{23} + \lambda b_{23} \end{vmatrix} : \delta = -y_0,$$

wo $\delta = \begin{vmatrix} a_{11} + \lambda b_{11} & a_{12} + \lambda b_{12} \\ a_{21} + \lambda b_{21} & a_{22} + \lambda b_{22} \end{vmatrix}.$

449. Den Ort der Mittelpunkte zu finden für die Kegelschnitte, welche durch die Schnittpunkte der Geraden

$$1.\quad x - 12 = 0, \qquad 2.\quad x + y - 5 = 0$$

und der Parabel

$$3.\quad y^2 - 10x = 0$$

gehen.

Lösung: $2xy + y^2 - 17y + 5x - 60 = 0$, eine Hyperbel, deren Asymptoten

$$2y + 5 = 0 \text{ und } 4x + 2y - 39 = 0$$

und deren Mittelpunktskoordinaten

$$11, -\frac{5}{2}$$

sind.

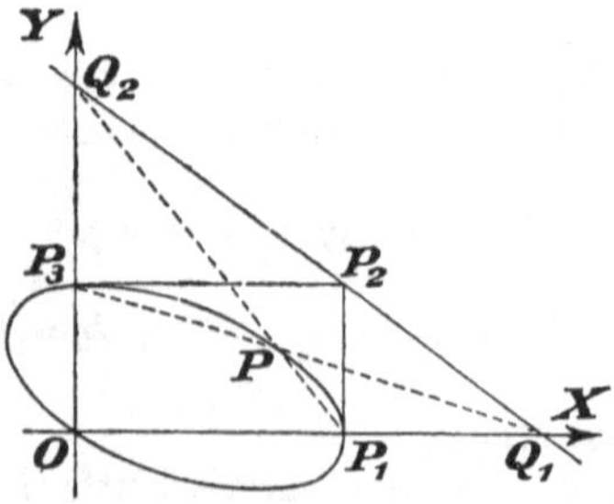

Fig. 18.

450. Es ist ein Rechteck $OP_1P_2P_3$ gegeben, wobei $OP_1 = a$, $OP_3 = b$. Durch P_2 wird eine bewegliche Gerade gezogen, die OP_1 in Q_1 und OP_3 in Q_2 schneidet. Was ist der Ort des Schnittpunktes P von Q_1P_3 mit Q_2P_1? (Fig. 18.)

Lösung: Es werde OP_1 als X- und OP_3 als Y-Achse genommen, dann ist die Ortsgleichung

$$b^2x^2 + a^2y^2 + abxy - ab^2x - a^2by = 0.$$

Der Ort ist eine Ellipse, welche durch O, P_1 und P_3, sowie durch den Punkt $\left(\frac{2a}{3}, \frac{2b}{3}\right)$ geht. Die Tangente in O ist der Diagonale P_1P_3 parallel; P_1P_2 berührt in P_1, P_2P_3 in P_3.

451. Zu beweisen: Wenn die Seiten eines Dreiecks $P_1P_2P_3$ sich um drei feste Punkte A_1, A_2, A_3 drehen, und es bewegen sich zwei Ecken P_1 und P_2 auf zwei festen Geraden l_1 und l_2, dann ist der Ort der dritten Ecke ein Kegelschnitt.

452. Eine Ecke P_1 eines Dreiecks liegt in O, eine zweite

P_2 auf der $+X$-Achse im Abstand a von O. Was ist der Ort für die dritte Ecke P_3, wenn der Höhenschnittpunkt des Dreiecks sich auf der Geraden $y = \mu x + n$ bewegt?

Lösung: $$x^2 + \mu x y - a x + n y = 0.$$

Von welcher Art ist dieser Kegelschnitt?

453. Gegeben ist ein Winkel α mit der Spitze O und der feste Punkt A. Durch A wird eine bewegliche, die Winkelschenkel in P_1 und P_2 schneidende Gerade gezogen und auf den Schenkeln werden in P_1 und P_2 Lote errichtet; was ist der Ort ihres Schnittpunktes?

Lösung: Man nehme die Schenkel als Koordinatenachsen, A habe die Koordinaten a, b, dann ist die Ortsgleichung

$$(x \cos\alpha + y)(x + y \cos\alpha) - a(x \cos\alpha + y) - b(x + y \cos\alpha) = 0.$$

454. Gegeben ist ein Winkel α mit der Spitze O. Eine die Schenkel in P_1 und P_2 schneidende Gerade bewegt sich so, daß der Inhalt des Dreiecks OP_1P_2 unveränderlich und gleich a^2 ist. In P_1 wird auf OP_1, in P_2 auf OP_2 je das Lot errichtet. Es soll die Gleichung für den Ort der Schnittpunkte dieser Lote gefunden werden.

Lösung: Für OP_1 und OP_2 als Koordinatenachsen erhält man:

$$(x + y \cos\alpha)(y + x \cos\alpha) = \pm \frac{a^2}{\sin\alpha}.$$

Dieser Ort besteht aus zwei konjugierten Hyperbeln, deren Mittelpunkt O, deren eine Achse die Halbierungslinie des Winkels α ist und deren Asymptoten die Lote auf den Schenkeln in O sind.

455. Den geometrischen Ort der Spitze P eines Dreiecks PP_1P_2 zu finden, die sich so bewegt, daß die Differenz der Winkel an der Grundlinie P_1P_2 konstant und gleich α bleibt.

Lösung: Es sei $P_1P_2 = 2a$, die Mitte O von P_1P_2 der Nullpunkt, P_1 auf der $+$ X-Achse und der an P_1 liegende Winkel sei der größere, dann ergibt sich als Ortsgleichung

$$x^2 - y^2 + 2xy \operatorname{ctg}\alpha - a^2 = 0.$$

Der Ort ist also eine Hyperbel. Bringt man das Glied mit xy durch Drehung um O um den Winkel $\frac{\pi}{4} - \frac{\alpha}{2}$ zum Wegfall, so lautet die Ortsgleichung

$$\xi^2 - \eta^2 = a^2 \sin\alpha.$$

Wenn P in das Unendliche fällt, so sind P_1P und P_2P parallel; sie haben dann die Richtung einer Asymptote. Die Winkel in P_1 und P_2 sind dann

$$\frac{\pi+\alpha}{2} \quad \text{und} \quad \frac{\pi-\alpha}{2}.$$

456. Gegeben ist eine Gerade l und außerhalb derselben zwei Punkte P_1 und P_2. Man soll den Ort eines Punktes P finden, der sich so bewegt, daß die von ihm durch P_1 und P_2 gezogenen Geraden von l ein Stück von der Länge c ausschneiden.

Lösung: Nimmt man l als X-Achse und sind a_1, b_1 und a_2, b_2 die Koordinaten von P_1 und P_2, dann erhält man als Ortsgleichung

$$(a_1 - a_2 - c)y^2 - (b_1 - b_2)xy$$
$$+ (c[b_1 + b_2] + a_2 b_1 - a_1 b_2)y - b_1 b_2 c = 0.$$

Der gesuchte Ort ist also eine Hyperbel, die durch P_1 und P_2 geht, weil a_1, b_1 und a_2, b_2 die Gleichung befriedigen.

Sind P_1P und P_2P parallel, so geben sie eine Asymptotenrichtung an. Zieht man durch P_1 die Parallele zu l und trägt darauf P_1Q_1 und $P_1Q_2 = c$ nach beiden Seiten hin ab, so sind P_2Q_1 und P_2Q_2 die Asymptotenrichtungen. Der Mittelpunkt liegt auf l.

Wie vereinfacht sich die Ortsgleichung,

a) wenn P_1P_2 parallel l ist,

b) wenn P_1P_2 als Y-Achse angenommen wird, wobei aber P_1P_2 nicht parallel zu l ist?

§ 22. Auflösung von Gleichungen 2. bis 4. Grades durch Kegelschnitte.

Führt die Elimination von y aus den Gleichungen

$$1)\quad f(x, y) = 0, \qquad 2)\quad g(x, y) = 0$$

auf die Gleichung

$$3)\quad \psi(x) = 0,$$

so bedeuten die Wurzeln der Gleichung 3) geometrisch die Abszissen der Schnittpunkte der durch die Gleichungen 1) und 2) dargestellten Kurven.

457. Beweise, daß die Wurzeln der Gleichung

$$x^2 + px + q = 0$$

bestimmt sind durch die Abszissen der Schnittpunkte der Parabel

$$y = x^2$$

und der Geraden

$$y + px + q = 0;$$

ebenso durch die Abszissen der Schnittpunkte des Kreises

$$\left(x + \frac{p}{2}\right)^2 + y^2 = \frac{p^2 - 4q}{4}$$

mit der X-Achse.

458. Beweise, daß die Wurzeln der kubischen Gleichung $x^3 + px + q = 0$ bestimmt sind durch die Abszissen der Schnittpunkte

1) der Parabel $y = x^2$ mit der gleichseitigen Hyperbel $xy + px + q = 0$,

2) der Parabel $y = x^2$ und der Parabel $y^2 + py + qx = 0$.

In dem letzteren Falle ist von der Wurzel $x = 0$ abzusehen.

459. Beweise, daß die Wurzeln der Gleichung

$$x^4 + px^2 + qx + r = 0$$

Abszissen der Schnittpunkte der

Parabel 1) $x^2 = my$
mit der Parabel 2) $m^2y^2 + pmy + qx + r = 0$

sind.

460. Jede der Linien 1) und 2) von Nr. 459 kann auch ersetzt werden durch eine Kurve 2. Ordnung, welche durch die Schnittpunkte von 1) und 2) hindurchgeht. Die Gleichung einer beliebigen solchen Linie ist

3) $\lambda(x^2 - my) + m^2y^2 + pmy + qx + r = 0.$

Nimmt man $\lambda = m^2$, so stellt 3) einen Kreis dar mit den Mittelpunktskoordinaten

$$a = -\frac{q}{2m^2}, \quad b = \frac{m^2 - p}{2m}$$

und dem Halbmesser R, für welchen

$$R^2 = a^2 + b^2 - \frac{r}{m^2}$$

ist.

Trifft dieser Kreis, für welchen m beliebig gewählt werden kann, die Parabel 1) in 4, 2, 0 reellen Punkten, so hat die biquadratische Gleichung in Nr. 459 4, 2, 0 reelle Wurzeln. Ist $R^2 < 0$, so ist der Kreis imaginär.

461. Wende Nr. 459 und 460 auf die kubische Gleichung

$$x^3 + px + q = 0$$

an, nachdem diese durch Multiplikation mit x auf eine Gleichung 4. Grades erweitert worden ist.

VI. Abschnitt.

Linienkoordinaten. Dualität.

§ 23. Punktgleichungen.

462. Es sind die Linienkoordinaten der Geraden, welche die beiden Punkte mit den Gleichungen

$$8u + 15v + 1 = 0$$

und

$$3u - 7v + 1 = 0$$

verbindet, zu bestimmen.

Lösung: $$u = -\frac{22}{101}, \quad v = +\frac{5}{101}.$$

463. Welchen Abstand p_0 hat der Punkt $au + bv + 1 = 0$ von der Geraden $g_0(u_0, v_0)$ für ein Koordinatensystem mit dem Winkel w?

Lösung: $$P_0 = -\frac{(au_0 + bv_0 + 1)\overset{+}{\sqrt{\sin^2 w}}}{\overset{+}{\sqrt{u^2 + v_0^2 - 2u_0v_0 \cos w}}}.$$

464. Gegeben ist die Gleichung des Punktes P_0:

$$u x_0 + v y_0 + 1 = 0.$$

Es ist die Gleichung derjenigen Punkte zu bestimmen, die mit P_0 auf der durch ihn gehenden Geraden mit dem Richtungskoeffizienten μ liegen und von ihm den Abstand d haben.

Lösung: $$\left(x_0 \pm \frac{d}{\sqrt{1+\mu^2}}\right) u + \left(y_0 \pm \frac{\mu d}{\sqrt{1+\mu^2}}\right) v + 1 = 0.$$

465. Es sollen die Koordinaten u_0, v_0 derjenigen Geraden bestimmt werden, die durch den Schnittpunkt der beiden gegebenen Geraden u_1, v_1; u_2, v_2 geht und den Richtungskoeffizienten μ hat.

Lösung: $$u_0 = \frac{\mu(u_1 v_2 - u_2 v_1)}{v_1 - v_2 - \mu(u_1 - u_2)},$$
$$v_0 = -\frac{u_1 v_2 - u_2 v_1}{v_1 - v_2 - \mu(u_1 - u_2)}.$$

466. Welche Gleichung hat der Punkt, in dem die Verbindungslinie der Punkte

$$P_1\colon\ a_1 u + b_1 v + 1 = 0,\quad P_2\colon\ a_2 u + b_2 v + 1 = 0$$

die der Punkte

$$P_3\colon\ a_3 u + b_3 v + 1 = 0,\quad P_4\colon\ a_4 u + b_4 v + 1 = 0$$

schneidet.

Lösung: $$\frac{a_1 + \varkappa a_2}{1+\varkappa} u + \frac{b_1 + \varkappa b_2}{1+\varkappa} v + 1 = 0,$$

wo $\varkappa = -\begin{vmatrix} a_1 & b_1 & 1 \\ a_3 & b_3 & 1 \\ a_4 & b_4 & 1 \end{vmatrix} : \begin{vmatrix} a_2 & b_2 & 1 \\ a_3 & b_3 & 1 \\ a_4 & b_4 & 1 \end{vmatrix}$. Welche geometrische Bedeutung hat dieser Quotient?

467. Der Abstand zwischen den beiden Punkten

$$P_1\colon\ A_1 u + B_1 v + C_1 = 0,\quad P_2\colon\ A_2 u + B_2 v + C_2 = 0$$

ist im Verhältnis $\varkappa_1 : \varkappa_2$ zu teilen. Die Gleichung des Teilpunktes ist zu bestimmen.

Lösung:

$$(\varkappa_2 A_1 C_2 + \varkappa_1 A_2 C_1) u + (\varkappa_2 B_1 C_2 + \varkappa_1 B_2 C_1) v + (\varkappa_1 + \varkappa_2) C_1 C_2 = 0.$$

Zahlenbeispiel: $\varkappa_1 = \varkappa_2$, $P_1 = 6u + 5v + 2 = 0$
$P_2 = 14u + 7v + 3 = 0.$

Halbierungspunkt: $46u + 29v + 12 = 0.$

468. Gegeben ist das Punktepaar

$$P_1\colon 6u+5v+1=0;\ P_2\colon 14u+3v+1=0.$$

Der dritte Punkt P_3 sei der Halbierungspunkt der Strecke P_1P_2. Für welchen vierten Punkt P_4 ist $(P_1P_2P_3P_4)=\frac{2}{3}$?

Lösung: $$54u+19v+5=0.$$

469. Es ist zu zeigen, daß die drei Punkte mit den Gleichungen

$$N_1\colon 7u+3v+1=0,\ N_2\colon 2u-5v+1=0,$$
$$N_3\colon 27u+35v+1=0$$

auf einer Geraden liegen, und der zu P_3 konjugierte vierte harmonische Punkt P_4 zu bestimmen.

Lösung: Es ist $N_3\equiv 5N_1-4N_2$, und P_4 hat die Gleichung $N_4=31u+25v+3$.

470. Gegeben sind die drei Punktepaare

$$N_1+\varkappa_1N_2=0,\quad N_1+\varkappa_1'N_2=0;$$
$$N_1+\varkappa_2N_2=0,\quad N_2+\varkappa_2'N_2=0;$$
$$N_1+\varkappa_3N_3=0,\quad N_3+\varkappa_3'N_3=0,$$

wo $N_\nu=x_\nu u+y_\nu v+1$ sei. Welche Bedingung müssen die sechs Größen $\varkappa$ erfüllen, damit ein viertes Punktepaar existiert, das zu jedem der drei gegebenen Paare harmonisch ist? Ist diese Bedingung erfüllt, so sagt man die drei gegebenen Punktepaare bilden eine Involution.

Lösung:
$$\begin{vmatrix} 1 & \varkappa_1+\varkappa_1' & \varkappa_1\varkappa_1' \\ 1 & \varkappa_2+\varkappa_2' & \varkappa_2\varkappa_2' \\ 1 & \varkappa_3+\varkappa_3' & \varkappa_3\varkappa_3' \end{vmatrix}=0.$$

471. Es ist zu zeigen, daß die drei Punktepaare der vorigen Aufgabe eine Involution bilden, wenn jedes Punktepaar harmonische Pole des Kegelschnittes $\frac{x^2}{a^2}\pm\frac{y^2}{b^2}=1$ sind.

472. Welche Längen haben die Höhen des Dreiecks $P_1P_2P_3$, dessen Ecken durch die Gleichungen:

$$P_1 : N_1 = -2u+v+1=0,$$
$$P_2 : N_2 = 6u-2v+1=0,$$
$$P_3 : N_3 = 3u+7v+1=0$$

gegeben sind? Wie lautet die Gleichung des Höhenschnittpunktes und des Schwerpunktes?

Lösung: p_ν sei die Länge der durch die Ecke P_ν gehenden Höhe. Dann findet man

$$p_1 = \frac{21}{10}\sqrt{10}, \quad p_2 = \frac{63}{61}\sqrt{61}, \quad p_3 = \frac{63}{73}\sqrt{73}.$$

Die Gleichung des Höhenschnittpunktes ist

$$24u + 43v + 21 = 0$$

und die des Schwerpunktes

$$\frac{N_1 + N_2 + N_3}{3} = \frac{7}{3}u + 2v + 1 = 0.$$

473. Es soll der Flächeninhalt J des Dreiecks $P_1P_2P_3$ berechnet werden, dessen Seiten durch ihre Koordinaten: $P_2P_3(u_1, v_1)$, $P_3P_1(u_2, v_2)$, $P_1P_2(u_2, v_2)$ gegeben sind.

Lösung: Man berechne die Punktkoordinaten der Ecken, setze ihre Werte in die Flächeninhaltsformel (§ 13 (13′)) ein und forme um, wodurch man schließlich erhält

$$J = \begin{vmatrix} u_1 & v_1 & 1 \\ u_2 & v_2 & 1 \\ u_3 & v_3 & 1 \end{vmatrix}^2 : 2 \begin{vmatrix} u_1 & v_1 \\ u_2 & y_2 \end{vmatrix} \begin{vmatrix} u_2 & v_2 \\ u_3 & v_3 \end{vmatrix} \begin{vmatrix} u_3 & v_3 \\ u_1 & v_1 \end{vmatrix}.$$

474. Welche Gleichungen haben die unendlich fernen Punkte der Seiten des Dreiecks $P_1P_2P_3$, dessen Ecken durch die Gleichungen $N_\nu = 0$ $(\nu = 1, 2, 3)$ gegeben sind, wo $N_\nu = A_\nu u + B_\nu v + C_\nu$ ist?

Lösung: $N_1 - N_2 = 0, \quad N_2 - N_3 = 0, \quad N_3 - N_1 = 0.$

475. Welcher Bedingung müssen die Koordinaten zweier geraden Linien g_1, g_2 genügen, wenn sie parallel, bzw. senkrecht zueinander sein sollen?

Lösung: $g_1 \parallel g_2$, wenn $\begin{vmatrix} u_1 & u_2 \\ v_1 & v_2 \end{vmatrix} = 0$ und

$g_1 \perp g_2$, wenn $\begin{vmatrix} u_1 & v_2 \\ -v_1 & u_2 \end{vmatrix} = \begin{vmatrix} u_1 & u_2 \\ -v_1 & v_2 \end{vmatrix} \cos w$ ist.

§ 24. Kegelschnitte in Linienkoordinaten.

476. Welche Gleichung hat der Pol der Geraden $g_1(u_1, v_1)$ in bezug auf die Kurve $F(u, v) = A_{11}u^2 + 2A_{12}uv + A_{22}v^2$

$+ 2A_{13}u + 2A_{23}v + A_{33} = 0$? Welches ist der Mittelpunkt dieser Kurve?

Lösung: Die beiden Geraden $g_1(u_1, v_1)$, $g_2(u_2, v_2)$, bilden mit den von $S = g_1 \times g_2$ an die Kurve gelegten Tangenten vier harmonische Strahlen, wenn die Wurzeln der quadratischen Gleichung für $\varkappa$:

$$\varkappa^2 F(u_1, v_1) + 2\varkappa \{F'(u_1, v_1) \cdot u_2 + F''(u_1, v_1) \cdot v_2 + F'''(u_1, v_1)\} + F(u_2, v_2) = 0$$

entgegengesetzt gleich sind, wo $F^{(i)} = A_{i1}u + A_{i2}v + A_{i3}$ ist [vgl. A, § 62 und § 63], wozu der Koeffizient von $2\varkappa$ verschwinden muß. Betrachtet man $u_2 = u$, $v_2 = v$ als veränderlich, so erhält man den Pol von g_1:

$$F'(u_1, v_1) \cdot u + F''(u_1, v_1) \cdot v + F'''(u_1, v_1) = 0.$$

Ist g_1 selbst eine Tangente an die Kurve, so ist zugleich der Pol ihr Berührungspunkt.

Der Mittelpunkt ist der Pol der unendlich fernen Geraden $u_1 = 0$, $v_1 = 0$ und hat mithin die Gleichung:

$$A_{13}u + A_{23}v + A_{33} = 0.$$

477. Es soll die Art der durch die Gleichungen

1. $u^2 - v^2 - 4u + 3 = 0$,
2. $u^2 - uv + 1 = 0$,
3. $2uv + u + v = 0$,
4. $(u - v)^2 - 2v = 0$,
5. $u^2 + uv - 2u - v + 1 = 0$

dargestellten Kegelschnitte angegeben werden.

Lösung: 1. Ellipse,
2. Hyperbel,
3. Parabel,
4. Parabel,
5. 2 Punkte, reelle Punkte, von denen einer im Unendlichen liegt $(u - 1)(u + v - 1) = 0$.

478. Die gleiche Frage soll beantwortet werden für die Kegelschnitte

a) $$u^2 - 3\lambda uv + 2v^2 + 2u - 2\lambda v + \lambda^2 - 1 = 0,$$

wenn λ ein veränderlicher Parameter ist, und

b) $$\xi u^2 - 2uv - v^2 - 2\xi v + \eta = 0,$$

wenn der Punkt (ξ, η) seine Lage in der Ebene verändert.

Lösung: a) $\lambda < -\frac{4}{3}$ Hyperbel,
$-\frac{4}{3} < \lambda < -1$ Ellipse (reell),
$-1 < \lambda < +1$ Ellipse (reell),
$+1 < \lambda < \frac{4}{3}$ Ellipse (reell),
$\frac{4}{3} < \lambda$ Hyperbel,
$\lambda = -\frac{4}{3}$ 2 reelle Punkte im Endlichen,
$\lambda = -1$ 2 reelle Punkte, von denen 1 im Unendlichen liegt.
$\lambda = +1$ 2 reelle Punkte, von denen 1 im Unendlichen liegt.
$\lambda = \frac{4}{3}$ 2 reelle Punkte im Endlichen.

b) $\eta > 0$ $\xi > 0$ Hyperbel,
$\eta > 0$ $\xi = 0$ Hyperbel,
$\eta = 0$ $\xi \neq 0$ Parabel,
$\eta = 0$ $\xi = 0$ 2 unendlich ferne zusammenfallende Punkte,
$\eta > 0$ $\xi < \xi_1 < 0$ (wo ξ_1 die einzige reelle Wurzel der Gleichung $\xi^3 + \eta\xi + \eta = 0$) Ellipse (reell),
$\eta > 0$ $\xi = \xi_1$ 2 reelle Punkte in endlicher Entfernung,
$\eta > 0$ $0 > \xi > \xi_1$ Hyperbel,
$\eta < 0$ $\xi < 0$ Hyperbel,
$\eta < 0$ $\xi = 0$ Hyperbel,
$\eta < 0$ $0 < \xi < \xi_1$ Hyperbel,
$\eta < 0$ $\xi = \xi_1$ 2 reelle Punkte in endlicher Entfernung,
$\eta < 0$ $\xi_1 < \xi$ Ellipse (reell).

479. Unter welcher Bedingung berührt die Gerade $ux + vy + 1 = 0$ die Kegelschnitte $\frac{x^2}{a^2} \pm \frac{y^2}{b^2} = 1$?

Lösung: Man identifiziere die Gleichung der Geraden mit der Gleichung der Tangente in $P_1(x_1, y_1)$ und setze die hieraus sich ergebenden Werte für x_1 und y_1 in die Kegelschnittgleichung ein:

$$a^2u^2 \pm b^2v^2 - 1 = 0.$$

Diese Bedingung gibt für veränderliche u, v die Gleichung des Kegelschnittes in Linienkoordinaten.

480. Welche Kurve wird von den Verbindungssehnen (u, v) je zweier konjugierter Durchmesser des Kegelschnitten $\frac{x^2}{a^2} \pm \frac{y^2}{b^2} = 1$ umhüllt?

Lösung: $a^2u^2 \pm b^2v^2 - 2 = 0.$

481. Zu beweisen, daß die Gleichung

$$2u^2 - 2v^2 + 1 = 0$$

eine gleichseitige Hyperbel darstellt.

Lösung: Der Berührungspunkt der Tangente (u_1, v_1) hat die Gleichung: $2u_1 u - 2v_1 v + 1 = 0$,
also die Koordinaten

$$x_1 = 2u_1, \quad y_1 = 2v_1.$$

Aus $2u_1^2 - 2v_1^2 + 1 = 0$ folgt dann

$$x_1^2 - y_1^2 + 2 = 0.$$

482. Durch Transformation des rechtwinkligen Koordinatensystems die Gleichung

$$u^2 + 2v - 2uv + 1 = 0$$

auf die Form

$$2u'^2 - 2v'^2 + 1 = 0$$

zu bringen.

Lösung: Aus [A, § 61 (84 I)] folgt für $x_0 = 0, y_0 = 1, \alpha = -\frac{\pi}{4}$

$\beta = \frac{\pi}{2}$

$$u' = \frac{u - v}{(1 + v)\sqrt{2}}$$

$$v' = \frac{v}{1 + v}.$$

483. Welche Linienkoordinaten hat diejenige an die Ellipse $\frac{x^2}{a^2} + \frac{y^2}{b^2} = 1$ gelegte Tangente, deren Abschnitt auf der $+ Y$-Achse sich zu dem auf der $+ X$-Achse wie [illegible] : 1 verhält?

Lösung: $u = -\frac{\lambda}{w}, \quad v = -\frac{1}{w}, \quad$ wo $w = \pm\sqrt{\lambda^2 a^2 + b^2}$;

$$y = -\lambda x \pm \sqrt{\lambda^2 a^2 + b^2}.$$

484. Gegeben sind die Punktreihe

$$x_1 u + y_1 v + 1 + \lambda(x_2 u + y_2 v + 1) = 0,$$

die Gerade

$$v = 0$$

und die Kurve

$$a_{11}x^2 + 2a_{12}xy + a_{22}y^2 + a_{33} = 0.$$

Man verbinde jeden Punkt der Punktreihe mit dem harmonischen Pole bezüglich der Kurve auf der Geraden $x = 0$ und bestimme die von den Verbindungslinien umhüllte Kurve.

Zahlenbeispiel:

$$x_1 = 1, y_1 = 3;\ x_2 = 3,\ y_2 = 1;$$
$$a_{11} = 1,\ a_{12} = -1,\ a_{22} = 6,\ a_{33} = -2.$$

485. Die Gleichungen der gemeinschaftlichen Tangenten für die Parabel $y^2 = 2px$ und den Kreis $x^2 + y^2 = r^2$ zu finden.

Zahlenbeispiel: $y^2 = 30x,\ x^2 + y^2 = 8^2$.

Lösung: Transformiert man die beiden Kurvengleichungen auf Linienkoordinaten [A, § 65], so erhält man für die Parabel $pv^2 = 2u$ und für den Kreis $r^2(u^2 + v^2) = 1$; die aus diesen Gleichungen sich ergebenden Werte:

$$u_{1,2} = \frac{-r \pm \sqrt{p^2 + r^2}}{pr}, \quad v_{1,2} = \frac{-2r \pm 2\sqrt{p^2 + r^2}}{p^2 r}$$

sind die Linienkoordinaten der gemeinschaftlichen Tangenten

$$u_\nu x + v_\nu y + 1 = 0 \ (\nu = 1, 2),$$

wo in den Werten für u und v nur die oberen Wurzelzeichen zu nehmen sind, da nur diese einen reellen Wert für v liefert; es existieren also nur zwei gemeinschaftliche Tangenten.

Zahlenbeispiel: $3x \pm 4y + 40 = 0$.

486. Eine Parabel, deren Scheitel im Koordinatenanfangspunkt liegt, hat mit der Ellipse $4a^2u^2 + a^2v^2 = 1$ den rechtsliegenden Brennpunkt gemeinsam. Die Koordinaten der gemeinsamen Tangenten von Ellipse und Parabel sind zu bestimmen.

Lösung:
$$u_1 = \frac{\sqrt{3}}{4a}, \quad v_1 = -\frac{1}{2a}$$
$$u_2 = \frac{\sqrt{3}}{4a}, \quad v_2 = \frac{1}{2a}.$$

487. Gegeben ist eine Ellipse k_e und ein Strahlenbüschel mit dem Mittelpunkte P_0. Von den Polen der Strahlen des Büschels in bezug auf die Ellipse werden die Lote auf die Strahlen gefällt. Es soll die Einhüllende dieser Lote ermittelt werden.

Lösung: Man findet

$$(a^2 - b^2)uv - y_0 v + x_0 u = 0,$$

d. i. eine die Achsen der Ellipse berührende Parabel, die man auch für jede andere zu k_e konfokale Ellipse erhält.

488. Die Einhüllende der Geraden zu bestimmen, bei denen das Produkt der Abstände von den beiden festen Punkten $O(0, 0)$ und $P_1(x_1, y_1)$, konstant $= k$ ist.

Lösung: $k(u^2 + v^2) = x_1 u + y_1 v + 1$ (Kreis).

489. Die Einhüllende derjenigen Geraden zu bestimmen, bei denen die Summe der Quadrate der Abstände von zwei festen Punkten $P_\nu(x_\nu, y_\nu)$ $(\nu = 1, 2)$ konstant $= k^2$ ist.

Lösung: $(x_1 u + y_1 v + 1)^2 + (x_2 u + y_2 v + 1)^2 = k^2 (u^2 + v^2)$.

490. Für alle Tangenten eines gegebenen Kegelschnittes k_1 bestimme man die Pole in bezug auf einen zweiten Kegelschnitt k_2 und zeige, daß der geometrische Ort dieser Pole ein dritter Kegelschnitt k_3 ist.

Lösung: Ist $F(u, v) = 0$ der gegebene erste Kegelschnitt k_1 und $\varphi(x, y) = 0$ der zweite Kegelschnitt k_2, so sind die Pole der Tangenten u, v von k_1 in bezug auf k_2 gegeben durch die Gleichungen

$$u = \frac{\varphi'(x, y)}{\varphi'''(x, y)}, \quad v = \frac{\varphi''(x, y)}{\varphi'''(x, y)},$$

die in k_1 eingesetzt

$$F\{\varphi'(x, y), \varphi''(x, y), \varphi'''(x, y)\} = 0,$$

d. i. den Kegelschnitt k_3 ergeben.

491. Eine Ellipse und eine Parabel haben einen Brennpunkt F_1 gemeinsam. Der zweite Brennpunkt F_2 der Ellipse liegt auf der Leitlinie der Parabel. Dann ist zu zeigen, daß das Dreieck, dessen Ecken durch den gemeinsamen Brennpunkt und die Berührungspunkte einer gemeinsamen Tangente bestimmt sind, rechtwinklig ist.

Lösung: Wählt man die Hauptachsen der Ellipse als Koordinatensystem, so sind die Gleichungen der Ellipse und Parabel:

$$a^2u^2 + b^2v^2 = 1, \quad ev^2 = u, \quad e^2 = \underset{+}{\sqrt{a^2 - b^2}}.$$

Als reelle gemeinsame Tangenten ergeben sich $u_1 = \frac{e}{a^2}, v_1 = \pm \frac{1}{a}$ mit den Berührungspunkten $\left(-e, \mp \frac{b^2}{a}\right)$ für die Ellipse und

$\left(\frac{a^2}{e}, \mp 2a\right)$ für die Parabel, woraus dann leicht die Behauptung folgt.

492. Gegeben ist eine Ellipse und ein Punkt $P_0(x_0, y_0)$. Es soll der Ort des Punktes Q so bestimmt werden, daß die Tangenten, die sich von $P_0(x_0, y_0)$ und $Q(x, y)$ an die Ellipse ziehen lassen, ein Tangentenviereck eines Kreises bilden.

Lösung: Die Gleichung der Ellipse sei $a^2u^2 + b^2v^2 - 1 = 0$. Der gesuchte Ort besteht aus den beiden Kegelschnitten

$$y^2 - y_0^2 = m_{1,2}(x^2 - x_0^2)^2,$$

wo m_1, m_2 die Wurzeln der Gleichung

$$(a^2 - b^2)m = (x_0^2 m - y_0^2)(1 + m)$$

sind.

493. Eine Ellipse dreht sich um ihr Zentrum. Man soll den Ort des Poles einer festen Geraden g und den Ort der Polaren eines festen Punktes bestimmen.

Lösung: Der Anfangspunkt des rechtwinkligen Koordinatensystems werde in den Mittelpunkt der Ellipse und die y-Achse der Geraden g parallel gelegt: $x = p$. Dann ist die Gleichung der Ellipse in der Lage, in der ihre Hauptachse den Winkel α mit der X-Achse einschließt (nach [A, § 61 (84 I)]):

$$A_{11}u^2 + 2A_{12}uv + A_{22}v^2 - 1 = 0,$$

wo $A_{11} + A_{22} = a^2 + b^2$, $A_{11}A_{22} - A_{12}^2 = a^2b^2$. Die Koordinaten (x, y) des Poles von $u_1 x + v_1 y + 1 = 0$ sind $x = -(A_{11}u_1 + A_{12}v_1)$, $y = -(A_{21}u_1 + A_{22}v_1)$, also für $u_1 = -\frac{1}{p}$, $v_1 = 0$:

$$x = \frac{A_{11}}{p}, \quad y = \frac{A_{21}}{p}.$$

Eliminiert man A_{11}, A_{12}, A_{22}, so erhält man leicht $p^2(x^2 + y^2) - px(a^2 + b^2) + a^2b^2 = 0$, also ist der gesuchte Ort ein Kreis, dessen Mittelpunkt auf der X-Achse liegt.

Um den zweiten Teil der Aufgabe zu lösen, dreht man das Koordinatensystem so, daß die X-Achse durch den festen Punkt geht, der daher die Koordinaten $c, 0$ hat. Die Koordinaten (u, v) der Polaren dieses Punktes sind bestimmt durch $A_{11}u + A_{12}v = -c$, $A_{21}u + A_{22}v = 0$. Eliminiert man hier wieder die A, so erhält man $a^2b^2(u^2 + v^2) + c(a^2 + b^2)u + c^2 = 0$. Diese Kurve ist eine Hyperbel, die symmetrisch zur X-Achse liegt, da sich ihre Gleichung bei Vertauschung von v mit $-v$ nicht ändert. Der Mittelpunkt der Hyperbel hat die Abszisse $\frac{a^2+b^2}{2c}$, wie durch eine Parallelverschiebung des Koordinatensystems leicht zu erkennen ist.

494. Bedeuten $F = F(u, v) = 0$, $G = G(u, v) = 0$ die Gleichungen von Kegelschnitten in Linienkoordinaten, $L_\nu = L_\nu(u, v) = 0$ $(\nu = 1, 2, 3, 4)$ die Gleichungen von Punkten und λ einen beliebigen Zahlenfaktor, so stellt dar

1. $F + \lambda G = 0$ einen Kegelschnitt, der die vier gemeinsamen Tangenten von $F = 0$ und $G = 0$ zu Tangenten hat;

2. $F + \lambda L_1 L_2 = 0$ einen Kegelschnitt, der die Tangenten von $L_1 = 0$ und $L_2 = 0$ an $F = 0$ ebenfalls zu Tangenten hat;

3. $F + \lambda L_1^2 = 0$ einen Kegelschnitt, der die Tangenten von $L_1 = 0$ an $F = 0$ in ihren Berührungspunkten mit $F = 0$ berührt;

4. $L_1 L_2 + \lambda L_3 L_4 = 0$ einen Kegelschnitt, der die Verbindungslinien der Punkte des Paares $L_1 = 0$, $L_2 = 0$ mit denen des Paares $L_3 = 0$ und $L_4 = 0$ berührt;

5. $L_1 L_2 + \lambda L_3^2 = 0$ einen Kegelschnitt, der in dem Punktepaare $L_1 \cdot L_2 = 0$ ihre Verbindungslinien mit $L_3 = 0$ zu Tangenten hat.

495. Welcher Kegelschnitt des obigen Büschels (1) berührt die Gerade $Ax + By + C = 0$?

Lösung:
$$\lambda = -\frac{F\left[\frac{A}{C}, \frac{B}{C}\right]}{G\left[\frac{A}{C}, \frac{B}{C}\right]}.$$

Spezielle Fälle: $\lambda = 0$, die Gerade ist Tangente an $F = 0$;
$\lambda = \infty$, „ „ „ „ „ $G = 0$.

496. Stehen in einem vollständigen Vierseite zwei der drei Diagonalen aufeinander senkrecht, so läßt sich ihm stets ein und nur ein Kegelschnitt einbeschreiben, dessen einer Brennpunkt in dem Schnittpunkte jener zwei Diagonalen liegt und dessen zugehörige Leitlinie die dritte Diagonale ist. (Fig. 19.)

Beweis: Die Gleichung aller einem beliebigen Vierseite $P_1P_2P_3P_4$ einbeschriebenen Kegelschnitte lautet, wenn das Koordinatensystem mit P_1P_3 und P_2P_4 zusammenfällt und $a_1, 0;\ 0, b_1;\ a_2, 0;\ 0, b_2$ die Koordinaten der vier Ecken P_1, P_2, P_3, P_4 sind:

$$au^2 + \lambda b v^2 + cu + \lambda dv + \lambda + 1 = 0,$$

wo $a = a_1 a_2$, $b = b_1 b_2$, $c = a_1 + a_2$, $d = b_1 + b_2$ ist. Die Koordinaten seines Mittelpunktes sind: $\xi = \frac{c}{2(\lambda + 1)}$, $\eta = \frac{\lambda d}{2(\lambda + 1)}$ (vgl. Aufg. 476), woraus folgt, daß die Mittelpunkte aller dem Vierseite einbeschriebenen Kegelschnitte auf der Geraden g: $2\frac{x}{c} + 2\frac{y}{d} = 1$ liegen, welche die drei Diagonalen des Vierseits halbiert.

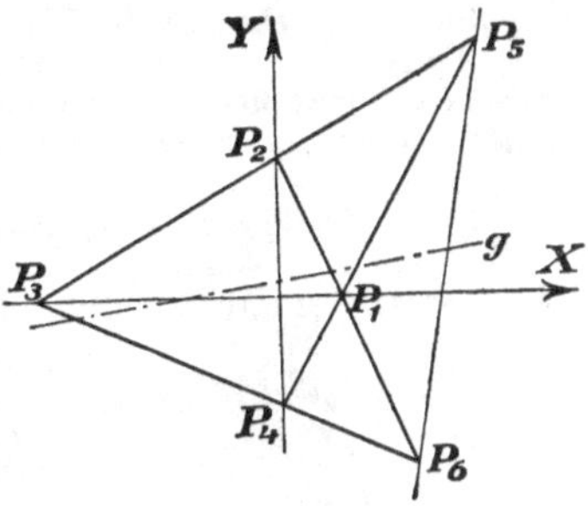

Fig. 19.

Durch Einführung neuer rechtwinkliger Koordinaten x', y', deren Anfangspunkt in den Mittelpunkt (ξ, η) fällt und dessen X'-Achse durch den Diagonalschnittpunkt $A = P_1P_3 \times P_2P_4$ geht, erhält man für den Winkel α, den die X'- mit der X-Achse bildet: $\operatorname{tg} \alpha = \frac{\eta}{\xi} = \lambda \frac{d}{c}$.

Nach [A, § 61 (84 II)] erhält man die Koordinatentransformationsformeln

$$u = [c \cdot u' - \lambda d \cdot v'] : W,\quad v = [\lambda d \cdot u' + c \cdot v'] : W,$$

wo $W = -u' \frac{c^2 + \lambda^2 d^2}{2(\lambda + 1)} + \sqrt{c^2 + \lambda^2 d^2}$ ist. Nach Ausführung der Transformation erkennt man, daß der Kegelschnitt, für den die X'-Achse Symmetrieachse ist, $\lambda = \frac{a}{b}$ sein muß. Für diesen Kegelschnitt ist die lineare Exzentrizität $e = \frac{\sqrt{b^2c^2 + a^2d^2}}{2(a + b)}$, d. h. der eine Brennpunkt liegt im Schnittpunkte der beiden zueinander senkrechten Diagonalen. Es ergibt sich eine Ellipse oder Hyperbel 1) für $ab > 0$, je nachdem $a + b <$ oder > 0 ist, und 2) für $ab < 0$, je nachdem $a + b >$ oder < 0 ist. Die beiden Fälle 1) treten ein, je nachdem das Viereck $P_1P_2P_3P_4$ ein gewöhnliches Viereck (mit nur ausspringenden Winkeln) oder ein überschlagenes Viereck ist; in den Fällen 2) besitzt das Viereck einen einspringenden Winkel, der an der Ecke P_4 liege, und man erhält eine Ellipse oder Hyperbel, je nachdem der Schnittpunkt S der Höhen des Dreiecks $P_1P_2P_3$ außerhalb oder innerhalb des Dreiecks $P_1P_2P_4$ liegt.

Für $\lambda = -1$ muß der ursprüngliche Koordinaten-Anfangspunkt beibehalten und nur die Drehung um den Winkel α, wo $\operatorname{tg}\alpha = \frac{d}{c}$ ist, ausgeführt werden. Der Kegelschnitt, für den die X'-Achse Symmetrieachse, ist die Parabel $y^2 = -\frac{4a}{\sqrt{c^2+d^2}}x' + \frac{4a^2}{c^2+d^2}$, deren Brennpunkt ebenfalls im Diagonalenschnittpunkte liegt. In diesem Falle fällt S mit P_4 zusammen.

Die Behauptung über die Leitlinie ergibt sich nun unmittelbar aus den harmonischen Eigenschaften des vollständigen Vierseits.

§ 25. Duale Sätze.

497. Satz von Desargues: Wenn zwei Dreiecke einer Ebene $P_1P_2P_3$ und $P_1'P_2P_3'$, so gelegen sind, daß sich die entsprechenden Seiten beider: P_1P_2 und $P_1'P_2'$, P_2P_3 und $P_2'P_3'$, P_3P_1 und $P_3'P_1'$ in Punkten Q_3, Q_1, Q_2 einer Geraden s schneiden, so gehen die Verbindungslinien entsprechender Ecken $P_1P_1' = q_1$, $P_2P_2' = q_2$, $P_3P_3' = q_3$ durch einen Punkt S, und umgekehrt.

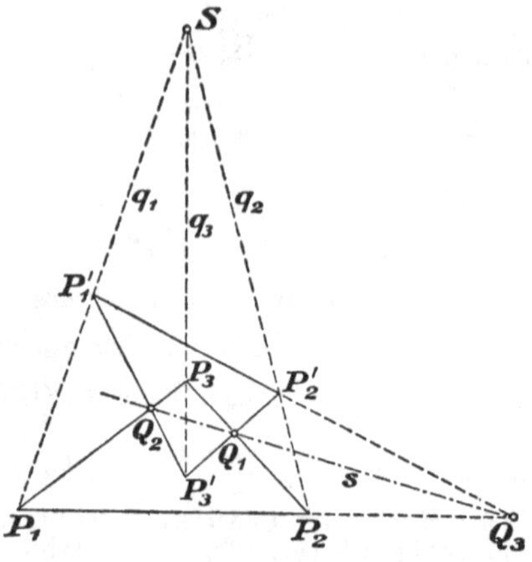

Fig. 20.

In diesem Falle ist die Umkehrung der zu dem ursprünglichen duale Satz. (Figur 20.)

Beweis: Bezeichnen g_ν und g'_ν die Ausdrücke $a_\nu\xi + b_\nu\eta + 1$ und $a'_\nu\xi + b_\nu\eta + 1$, so stellen die Gleichungen $g_\nu = 0, g'_\nu = 0$ zwei gerade Linien dar, wenn man ξ, η als Punktkoordinaten, bzw. zwei Punkte, wenn man ξ, η als Linienkoordinaten auffaßt. In dem ersten Falle seien $g_1 = 0, g'_1 = 0$ die Gleichungen der Dreiecksseiten P_2P_3, $P'_2P'_3$, $g_2 = 0$, $g'_2 = 0$ die von P_3P_1, P'_3P_1 $g \; = 0$, $g'_3 = 0$ die von P_1P_2, $P'_1P'_2$; in dem zweiten Falle seien $g_1 = 0$, $g'_1 = 0$ die Gleichungen der Ecken P_1, P'_1 und so fort; während $g = 0$ in dem ersten Falle die Gleichung der Geraden s, in dem letzteren Falle die des Punktes S sei.

Wegen der Voraussetzung, daß sich entsprechende Seiten beider Dreiecke auf einer Geraden s schneiden, bzw. die Verbindungslinien entsprechender Ecken durch einen Punkt S gehen, müssen sich die Gleichungen $g'_\nu = 0$ auf die Form bringen lassen $g'_\nu \equiv g_\nu - \lambda_\nu g$, wo λ_ν ein passend gewählter Parameter ist. Die Gerade $q_1 = \lambda_2 g_3 - \lambda_3 g_2 \equiv \lambda_2 g'_3 - \lambda_3 g'_2 = 0$ verbindet aber bei der ersten Auffassung $P_1 = g_2 \times g_3$ mit $P'_1 = g'_2 \times g'_3$ (bzw. der Punkt $Q_1 = \lambda_2 g_3 - \lambda_3 g_2 \equiv \lambda_2 g'_3 - \lambda_3 g'_2$ ist der Schnittpunkt entsprechender Seiten beider Dreiecke bei der zweiten Auffassung) analog für die anderen Geraden q_2, q_3, bzw. Q_2, Q_3. Es ist aber $\lambda_1 q_1 + \lambda_2 g_2 + \lambda_3 q_3 \equiv 0$ (bzw. $\lambda_1 Q_1 + \lambda_2 Q_2 + \lambda_3 Q_3 \equiv 0$), womit beide Behauptungen bewiesen sind.

498. Bewegen sich die drei Ecken eines Dreiecks auf drei durch einen Punkt gehenden Geraden, während zwei der Seiten durch zwei feste Punkte gehen, so geht auch die dritte Seite durch einen festen Punkt, der mit den beiden ersten in gerader Linie liegt. Der Satz soll bewiesen und der zu ihm duale aufgestellt werden.

Der Beweis beider Sätze folgt leicht aus dem Satze von **Desargues**.

499. Die Sätze von **Pascal** und **Brianchon** sollen analytisch bewiesen werden. (Figuren 21 und 22.)

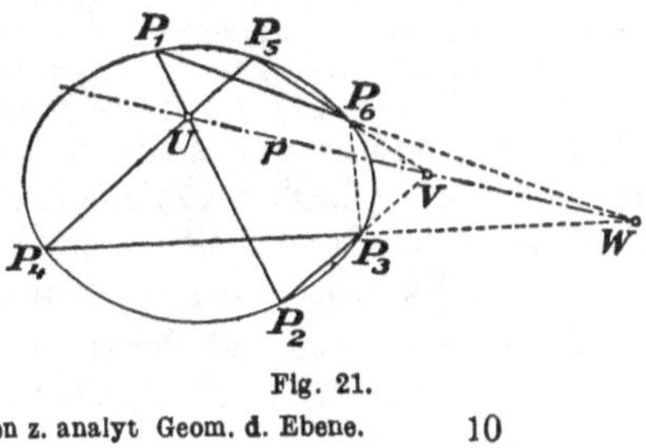

Fig. 21.

Beweis: Sind sechs Punkte (Tangenten) $P_\varrho(\varrho = 1, \ldots, 6)$ eines Kegelschnittes durch ihre Koordinaten (x_ϱ, y_ϱ) (bzw. durch ihre Linienkoordinaten (u_ϱ, v_ϱ)) gegeben und sind $g_{12}, \ldots, g_{61}, g$ die Gleichungen ihrer Verbindungsgeraden $P_1P_2, \ldots, P_6P_1, P_3P_6$ in Punktkoordinaten (ihrer Schnittpunkte in Linienkoordinaten), so hat das Kegelschnittbüschel durch die vier Punkte (mit den vier Tangenten) $P_1P_2P_3P_6$ die Gleichung:

$$g\,g_{12} - \lambda_1 g_{23}\,g_{61} = 0$$

und das durch die vier Punkte (mit den vier Tangenten) $P_3P_4P_5P_6$ die Gleichung:

$$g\,g_{45} - \lambda_2 g_{34}\,g_{56} = 0.$$

Haben beide Büschel einen Kegelschnitt gemeinsam, so muß

$$g\,g_{12} - \lambda_1 g_{23}\,g_{61} = \mu(g\,g_{45} - \lambda_2 g_{34}\,g_{56})$$

sein, wo μ einen konstanten Wert bezeichnet, d. h. es ist

$$g(g_{12} - \mu g_{45}) = \lambda_1 g_{23} g_{61} - \lambda_2 \mu\, g_{34}\, g_{56}.$$

Der Faktor $g_{12} - \mu g_{45} = 0$ gesetzt, stellt eine Gerade (einen Punkt) dar, die durch den Schnittpunkt von g_{12} mit g_{45} geht (auf der Verbindungsgeraden von g_{12} mit g_{45} liegt). Die Koordinaten des Schnittpunktes (der Verbindungsgeraden) von g_{23} mit g_{56} und von g_{61} mit g_{34} erfüllen aber nicht nur die rechte, sondern auch die linke Seite der letzten Gleichung. Folglich liegen die drei Schnittpunkte je zweier Gegenseiten $g_{12} \times g_{45}$, $g_{23} \times g_{56}$, $g_{34} \times g_{61}$ eines einem Kegelschnitte eingeschriebenen Sechsecks auf einer Geraden p [Pascal], bzw. schneiden sich die Verbindungslinien B_1B_4, B_2B_5, B_3B_6 der drei Gegenecken in einem Punkte B [Brianchon].

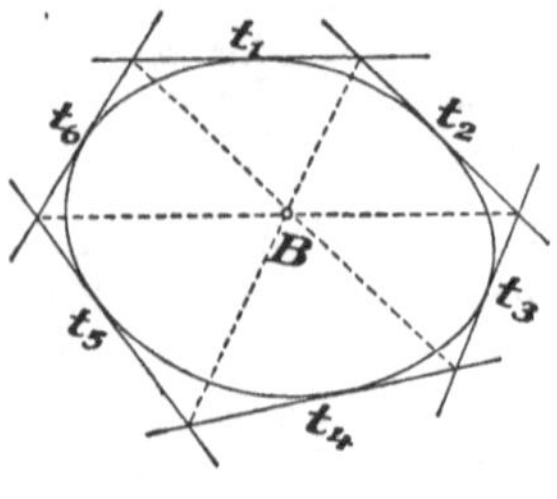

Fig. 22.

Die Sätze von Pascal und Brianchon und ihr vorstehend gegebener Beweis bleiben gültig, wie man sich leicht überzeugt, wenn der Kegelschnitt in zwei Gerade, bzw. in zwei Punkte zerfällt, daher gelten die dualen Sätze:

500. Verbindet man drei Punkte P_1, P_3, P_5 einer Punktreihe mit drei Punkten P_2, P_4, P_6 einer zweiten Punktreihe, so

bilden $P_1P_2 \times P_4P = A$, $P_2P_3 \times P_5P_6 = B$, $P_3P_4 \times P_6P_1 = C$ eine dritte Punktreihe, bzw.

schneidet man drei Strahlen s_1, s_3, s_5 eines Strahlenbüschels mit drei Strahlen s_2, s_4, s_6 eines zweiten Büschels, so bilden die Verbindungsgeraden von $s_1 \times s_2$ mit $s_4 \times s_5$, von $s_2 \times s_3$ mit $s_5 \times s_6$ und von $s_3 \times s_4$ mit $s_6 \times s_1$ ein drittes Strahlenbüschel.

*Beide Sätze, die spezielle Fälle der Sätze von **Pascal** und **Brianchon** sind, sollen noch direkt bewiesen werden.*

Asmus, E., Einführung in die höhere Mathematik
und ihre Anwendungen. Ein Hilfsbuch für Chemiker, Physiker und andere Naturwissenschaftler. Mit 178 Abb. im Text. 1947. XV, 400 S. (Arbeitsmethoden der modernen Naturwissenschaften) 20,–

Astronomischer Jahresbericht.
Herausgeg. vom Astronomischen Recheninstitut in Heidelberg
44. Band: Die Literatur des Jahres 1942. 1947. XIX, 151 S. . . . 20,–
45. Band: Die Literatur der Jahre 1943 –46. 1. Teil. 1948. XLII, 333 S. 40,–

Crelle, A. L., Rechentafeln,
welche alles Multiplizieren und Dividieren mit Zahlen unter Tausend ganz ersparen, bei größeren Zahlen aber die Rechnung erleichtern und sicherer machen. Neue Ausg. besorgt v. O. Seeliger. Neudruck. Mit Tafeln der Quadrat- und Kubikzahlen von 1–1000. 1944. . . . . Geb. 21,60

Deckert, A., Die Logarithmen der natürlichen Zahlen und der Kreisfunktionen.
Neudruck. 1948. 22 u. 48 S. . . . . Geb, 5,–

Dölp, H., Grundzüge und Aufgaben der Differential- und Integralrechnung nebst den Resultaten.
Neu bearb. von E. Netto. 19. Aufl. In Vorbereitung.

Dörge, K., und H. Klein, Wahrscheinlichkeitsrechnung.
2. Aufl. 112 S. 5,–

Engel, G., Analytische Geometrie.
ca. 210 S. In Vorbereitung.

Fueter, R., Synthetische Zahlentheorie.
3. Aufl. In Vorbereitung. (Göschens Lehrbücherei. Bd. 4)

Haupt, O., und Gg. Aumann, Differential- und Integralrechnung.
Unter besonderer Berücksichtigung neuerer Ergebnisse. 2., völlig neu bearbeitete Auflage. Unter Mitwirkung von Dr. Christian Pauc. Bd. I: Einführung in die reelle Analysis. Mit 2 Figuren. 1948. 218 S. . . . 18,– (Göschens Lehrbücherei. 1. Gruppe. Reine und angewandte Mathematik. Bd. 24), Bd. II. In Vorbereitung.

Haussner, R., Das letzte Fermat-Theorem.
1943. 17 S. 1,50

Hayashi, K., Fünfstellige Tafeln der Kreis- und Hyperbelfunktionen
sowie der Funktionen e^{x} und e^{-x} mit den natürlichen Zahlen als Argument. Neudruck. 1944. 182 S. 9,–

Horn, J., Gewöhnliche Differentialgleichungen.
5. Aufl. (Göschens Lehr-Bücherei Bd. 10). ca. 250 S. 16,–